实验性工业设计系列教材

产品形态综合构造

陈苑　严增新　周东红　编著

中国建筑工业出版社

图书在版编目（CIP）数据

产品形态综合构造 / 陈苑，严增新，周东红编著.—北京：中国建筑工业出版社，2013.4
实验性工业设计系列教材
ISBN 978-7-112-15127-1

Ⅰ.①产… Ⅱ.①陈… ②严… ③周… Ⅲ.①工业产品－造型设计－构造－教材 Ⅳ.① TB472

中国版本图书馆 CIP 数据核字（2013）第 031043 号

本教材由浅入深、由表及里，阐明了由静态产品的材料构造到基本分类与构造，由产品构成的基本形态到基本方法，以及影响产品外部构造的包括形态、强度、功能、材料、工艺、色彩 / 肌理、界面、视错觉等在内的要素与构造的关系，并讲解了产品构造的稳定性和安全性原理和要点，此外，还进一步阐述了动态产品的系统构造，包括动力、传动、控制与操作等一系列相关要点。本教材还具有四章特色内容：简单 / 复杂静态产品系统构造与影响要素、简单 / 复杂动态产品系统构造与影响要素，每章均有2~3个典型产品案例的具体剖析解构。

教材还提供了近年来本专业学生优秀实验作品共12例的图片与详细分析点评，涵盖了从静态构造、简单动态构造到复杂动态构造的代表性实验成果，供读者参考学习。

责任编辑：吴 绫 李东禧
责任校对：张 颖 赵 颖

实验性工业设计系列教材
产品形态综合构造
陈苑 严增新 周东红 编著

中国建筑工业出版社出版、发行（北京西郊百万庄）
各地新华书店、建筑书店经销
北京嘉泰利德公司制版
北京顺诚彩色印刷有限公司

开本：787×1092毫米 1/16 印张：7¼ 字数：180千字
2013年6月第一版 2013年6月第一次印刷
定价：45.00元
ISBN 978-7-112-15127-1
（23202）

“实验性工业设计系列教材”编委会

（按姓氏笔画排序）

序　一

今天，一个十岁的孩子要比我们那时（20 世纪 60 年代）懂得多得多，我认为那不是父母亲与学校教师，而是电视机与网络的功劳。今天，一个年轻人想获得知识也并非一定要进学校，家里只需有台上了网的电脑，他（她）就可以获得想获得的所有知识。

联合国教科文组织估计，到 2025 年，希望接受高等教育的人数至少要比现在多 8000 万人。假如用传统方式满足需求，需要在今后 12 年每周修建 3 所大学，容纳 4 万名学生，这是一个根本无法完成的任务。

所以，最好的解决方案在于充分发挥数字科技和互联网的潜力，因为，它们已经提供了大量的信息资源，其中大部分是免费的。在十年前，麻省理工学院将所有的教学材料都免费放到网上，开设了网络公开课。这为全球教育革命树立了开创性的示范。

尽管网上提供教育材料有很大好处，但对这一现象并不乏批评者。一些人认为：并不是所有的网络信息都是可靠的，而且即便可信信息也只是真正知识的起点；网络上的学习是“虚拟的”，无法引起学生的注目与精力；网络上的教育缺乏互动性，过于关注内容，而内容不能与知识画等号等。

这些问题也正说明传统大学依然存在的必要性，两种方式都需要。99%的适龄青年仍然选择上大学，上著名大学。

中国美术学院是全国一流的美术院校，现正向世界一流的美术院校迈进。

在 20 世纪 1928 年的 3 月 26 日，国立艺术院在杭州孤山罗苑举行隆重的开学典礼。时任国民政府教育部长的蔡元培先生发表热情洋溢的演说：“大学院在西湖设立艺术院，创造美，以后的人，都改其迷信的心，为爱美的心，借以真正完成人们的美好生活。”

由国民政府创办的中国第一所“国立艺术院”，走过了 85 年的光阴，经历了民国政府、抗日战争、解放战争、“文化大革命”与改革开放，积累了几代人的呕心历练，成就了一批中华大地的艺术精英，如林风眠、庞薰琹、赵无极、雷圭元、朱德群、邓白、吴冠中、柴非、溪小彭、罗无逸、温练昌、袁运甫……他们中间有绘画大师，有设计理论大师，有设计大师，有设计教育大师；他们不仅成就了自己，为这所学校添彩，更为这个国家培养了无数的栋梁之才。

Foreword

在立校之初林风眠院长就创设了图案系（即设计系），应该是中国设立最早的设计专业吧。经历了实用美术系、工艺美术系、工业设计系……今天设计专业蓬勃发展，已有20多个系科、40多个学科方向；每年招收本科生1600人，硕士、博士生350人（一所单纯的美术院校每年在校生也能达到8000人的规模）；就读造型与设计专业的学生比例基本为3：7；每年的新生考试基本都在6万多人次，去年竟达到了9万多人次。2012年工业设计专业100名毕业生全部就业工作。在这新的历史时期，中国美术学院院长提出："工业设计将成为中国美术学院的发动机"。

这也说明一所名校，一所著名大学所具备的正能量，那独一无二的中国美术学院氛围和学术精神，才是学子们真正向往的。

为此，我们编著了这套设计教材，里面有学识、素养、学术，还有氛围。希望抛砖引玉，让更多的学子们能看到、领悟到中国美术学院的历练。

赵阳于之江路旁九树下

2013年1月30日

序　二　实验性的思想探索与系统性的学理建构

在互联网时代，海量化、实时化的信息与知识的传播，使得“学院”的两个重要使命越发凸显：实验性的思想探索与系统性的学理建构。本次中国美术学院与中国建筑工业出版社合作推出的“实验性工业设计系列教材”亦是基于这个学院使命的一次实验与系统呈现。

2012年12月，“第三届世界美术学院院长峰会”的主题便是“继续实验”，会议提出：学院是一个（创意）知识的实验室，是一个行进中的方案；学院不只是现实的机构，还是一个有待实现的方案，一种创造未来的承诺。我们应该在和社会的互动中继续实验,梳理当代艺术、设计、创意、文化与科技的发展状态，凸显艺术与设计教育对于知识创新、主体更新、社会革新的重要作用。

设计本身便是一种极具实验性的活动，我们常说“设计就是为了探求一个事情的真相”。对真相的理解，见仁见智。所谓真相，是针对已知存在的探索，其背后发生的设计与实验等行为，目的是为了找到已知的不合理、不正确、未解答之处，乃至指向未来的事情。这是一个对真相的思辨、汲取与认识的过程，需要多种类、多层次、多样化的思考，换一个角度说：真相正等待你去发现。

实验性也代表着一种“理想与试错”的精神和勇气。如果我们固步自封，不敢进行大胆假设、小心求证的“试错”，在教学课程与课题设计中失却一种强烈的前瞻性、实验性思考，那么在工业设计学科发展日新月异的当下，是一件蕴含落后危机的事情。

在信息时代，除了海量化、实时化，综合互动化亦是一个重要的特征。当下的用户可以直接告诉企业：我要什么、送到哪里等重要的综合性信息诉求，这使得原本基于专业细分化而生的设计学科各专业，面临越来越多的终端型任务回答要求，传统的专业及其边界正在被打破、消融乃至重新演绎。

面向中国高等院校中工业设计专业近乎千篇一律的现状，面对我们生活中的衣、食、住、行、用、玩充斥着诸如LV、麦当劳、建筑方盒子、大众、三星、迪斯尼等西方品牌与价值观强植现象，中国的设计又该何去何从？

中国美术学院的设计学科一直致力于探求一种建构中国人精神世界的设计理想，注重心、眼、图、物、境的知识实践体系，这并非说平面设计就是造“图”、工业设计与服装设计就是造“物”、综合设计就是造“境”，实质上，它是一种连续思考的设计方式，不能被简单割裂，或者说这仅代表各个专业回答问题的基本开场白。

我们不再拘泥于以“物”为区分的传统专业建构，比如汽车设计专业、服装设计专业、家具设计专业、玩具设计专业等，而是从工业设计最本质的任务出发，研究人与生活，诸如：交流、康乐、休闲、移动、识别、行为乃至公共空间等要素，面向国际舞台，建立有竞争力的工业设计学科体系。伴随当下设计目标和价值的变化，新时代的工业设计不应只是对功能问题的简单回答，更应注重对于“事”的关注，以“个性化大批量”生产为特征，以对“物”的设计为载体，最终实现人的生活过程与体验的新理想。

中国美术学院工业设计学科建设坚持文化和科技的双核心驱动理念，以传统文化与本土设计营造为本，以包豪斯与现代思想研究为源，以感性认知与科学实验互动为要，以社会服务与教学实践共生为道，建构产品与居住、产品与休闲、产品与交流、产品与移动四个专业方向。同时，以用户体验、人机工学、感性工学、设计心理学、可持续设计等作为设计科学理论基础，以美学、事理学、类型学、人类学、传统造物思想等理论为设计的社会学理论基础，从研究人的生活方式及其规划入手，开展家具、旅游、康乐、信息通信、电子电器、交通工具、生活日常用品等方面产品的改良与创新设计，以及相关领域项目的开发和系统资源整合设计。

回顾过去，本计划从提出到实施历时五年，停停行行、磕磕绊绊，殊为不易。最初开始于2007年夏天，在杭州滨江中国美术学院校区的一次教研活动；成形于2009年秋天，在杭州转塘中国美术学院象山校区的一次与南京艺术学院、同济大学、浙江大学、东华大学等院校专业联合评审会议；立项于2010年秋天，在北京中国建筑工业出版社的一次友好洽谈，由此开始进入“实验性工业设计系列教材”实质性的编写“试错”工作。事实上，这只是设计“长征”路上的一个剪影，我们一直在进行设计教学的实验，也将坚持继续以实验性的思想探索和系统性的学理建构推进中国设计理想的探索。

王昀撰于钱塘江畔

壬辰年癸丑月丁酉日（2013年1月31日）

前 言

本教材的编写，是在2006年由本人编著的教材《产品结构与造型解析》的基础上进行改进更新，并作了较大幅度内容添加和调整后成形的。主要目的是提高产品结构与造型相关知识的覆盖面，增加解析深度和广度，以适应多层次专业人才培养的需求。

《产品形态综合构造》从构成产品最基础的材料种类与结构特性，以及产品的分类与构造关系展开讲解，接着介绍产品构成的基本形态与基本方法；围绕产品的外部构造要素及其稳定性与安全性展开进一步解析；系统构造是本教材的重点部分，教材分别就简单静态产品、复杂静态产品、简单动态产品和复杂动态产品列举了大量的实际案例并进行全面分析，旨在使读者能够详细了解产品构造的综合因素和影响要素，并全面了解和掌握产品构造的原理和设计要点。

本教材深入浅出，循序渐进，语言表达上力求通俗易懂，结合明确的图片辅助说明，能够全面、综合地诠释产品构造的内涵和外延。不仅适用于工业设计专业本科、专科二年级或三年级学生使用，而且对相关领域的初、中级设计师、设计爱好者、自学成材的有识之士都具有很好的教益性和参考性。

本教材的第一、第二两章主要由周东红老师编写，第四、五、六章主要由严增新老师编写，其余第三、七、八、九、十章由本人编写，所有内容的整合工作也一并由本人负责完成。

陈苑

2012年6月

Preface

目 录

Contents

1

第一章　概述

【本章要点】

1. 材料的基本种类与结构特性
2. 产品的分类与构造的关系

构成产品的最重要因素之一便是材料，材料的内部和外部结构特征决定了产品的物理属性。不仅产品的结构强度因材料的不同而变化，而且产品的视觉效果也会随着材料的不同而变化。因此在进行产品设计前，有必要首先了解材料的种类与特性，以及产品的分类与构造的关系。

1.1　材料的基本种类与结构特性

1.1.1　材料的基本种类

材料一般可分为两大类，即金属材料与非金属材料。

金属（图 1–1、图 1–2）按其含有的主要金属元素的不同，又可分为黑色金属和有色金属。黑色金属是以铁为基材的合金，常见的有碳钢、合金钢、不锈钢、铸铁等。而以其他金属为基材的合金则称为有色金属，如常见的铝合金、黄铜合金、镁合金、钛合金等。

非金属材料的种类无疑更丰富，如陶瓷（含有金属和非金属元素的复杂化合物，如普通陶瓷、特种陶瓷、玻璃）、高分子材料（高聚合物的统称，如塑料、橡胶、合成纤维、胶粘剂）、复合材料（用两种以上不同物理、化学性质的材料组合而成的固体，如硬质合金、金属陶瓷、玻璃纤维、碳纤维）、天然材料（产自自然界、无任何添加物的材料，如木材、石材、天然织物、皮革）等都属于常见的非金属材料（图 1–3、图 1–4）。

1.1.2　不同材料的基本结构特性

材料的种类不同，其结构特性也就不同。

总体来说，金属具有良好的反射能力、金属光泽及不透明性。同时，

图1-1　不锈钢
图1-2　黄铜合金材料
图1-3　木材
图1-4　石材
（从左至右）

金属还有良好的塑性、变形能力以及良好的延展性。另外，金属还是优秀的电、热导体。

金属材料一般以某一种金属元素作为基材。由于一种金属元素其性能比较单一，且通常在性能方面有一些缺陷。所以在其实际运用中，常被人为地添加一些其他的金属元素，以提高其某方面的性能，满足不同用途的需求。

例如人们在使用普通钢（学名碳钢）时，发现易锈蚀是它的典型缺点。但添加一定镍、铬等抗腐蚀金属元素后形成的不锈钢无疑弥补了这一缺点。又如纯铝虽然塑性好、比重轻，但强度低。而加入适量铜、镁、硅、锰、锌等增强强度的合金元素后形成的铝合金则有了更好的强度。

同时，合金中的金属比例不同，其结构特性也不相同。例如在纯铜中添加以锌元素为主形成的黄铜拥有更大的强度。而添加更多比例的锡元素形成的锡青铜则具有更为良好的韧性。

上述的几种金属合金，在产品设计中已经被广泛采用。

除金属材料外，非金属材料也有着其各自不同的构成方式及其材料特性。

举例来说，塑料是以高聚合物为主，加入各种添加剂后可以产生能在一定温度和压力下成形加工的材料。

合成纤维则（图 1-5）是由一类能被高度拉伸成纤维的高聚合物组成。在较宽的温度范围内，具有高强度、耐磨、耐酸碱、耐溶剂、耐日照以及阻燃等基本性能。玻璃纤维是将熔化玻璃液以极快速度抽拉成纤维而制成的材料。玻璃变成玻璃纤维后就不再是脆性材料，其强度可相当于普通钢的强度。碳纤维是多用聚丙烯腈纤维和沥青纤维制备而成的材料。碳纤维和环氧树脂组成的复合材料具有出色的综合性能和优异的耐疲劳性能，航空航天领域中应用广泛。

普通陶瓷具有硬而脆、高熔点的特点，是由粉体原料经成形及高温处理变成的多晶材料，一般可分为日用瓷、建筑瓷、美术瓷等。特种陶瓷分别在普通陶瓷原料中，加入氧化物或非氧化物以形成以力学性能为主的结构陶瓷，以及加入其他特殊物质从而形成具有热、电、声、

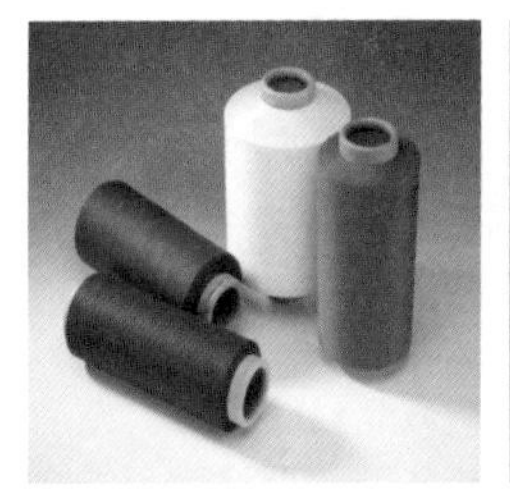

图1-5　合成纤维材料
图1-6　陶瓷材料
图1-7　玻璃材料
图1-8　纳米材料
（从左至右）

光、磁、化学、生物等功能的功能陶瓷（图 1-6）。

玻璃是一种熔化后不经结晶而冷却成坚硬状态的无机材料（图 1-7）。玻璃在常温下具有透明性和高硬度，大多数情况下具有优良的抗腐蚀性。

纳米材料是 21 世纪的新兴高科技材料。其独特的体积和表面效应，使它显示出许多奇妙的特征。如液体不具备磁性，而纳米级磁性微粒分散在基液内形成的均匀胶体溶液——磁性液体却同时具备了磁体的磁性和液体的流动性，成为金属的动态密封剂（图 1-8）。

除以上所举的人工材料以外，还有许多自然天成、结构各异的天然材料供我们使用。但在使用过程中通常都要经过某些处理，如干燥、脱脂等，以长久保持其固有的结构特性。

1.2　产品的分类与构造的关系

组织间的产品一般可分为投产型产品、基础型产品以及辅助型产品三类。而如果按照会计科目来划分组织间的产品的话，我们可以在以上三个大类下再细分出些小类。

投产型产品又可分为“存货——原材料”（如农产品、矿产品、工业产品等）与“存货——备品备件”（如维修用的零部件等）。

基础型产品又可分为“固定资产——建筑物”（如办公楼、生产厂房等）、“固定资产——生产设备”（如工业生产用的机器设备等）、“固定资产——办公设备及家具”（如复印机、电脑、打印机、会议室桌椅、文件柜等）以及“固定资产——运输工具”（如汽车、货车、叉车等）。

辅助型产品又可分为“管理费用——办公耗材”（如办公用纸、办公文具等）、“管理费用——维修服务费”（如 IT 设备的售后保养服务或维修服务等）、“管理费用——专业服务费”（如法律顾问服务、企业咨询服务等）、“制造费用——维修费”（如日产维修保养或停产检查修等）、“财务费用——银行手续费”（如银行转账手续服务等）。

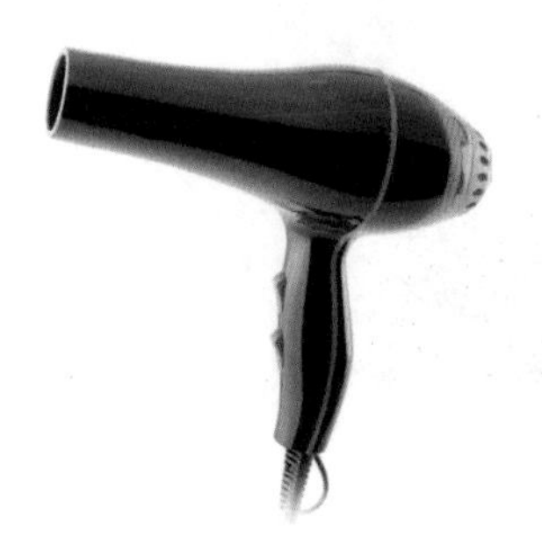

图1-9　电吹风方便携带

1.2.1　产品的分类与构造关系

产品的功能与造型的关系是密不可分的，具有特定的功能就具有特定的造型。产品的类型不同，其功能与造型的关系也有所不同。

1.2.1.1　家电类产品

便携（移动）式的家电产品如电动剃须刀、随身听、照相机、电吹风等。因其功能不同，造型特征也相应变化，如剃须刀必须有刀头，随身听必须有耳机，照相机必须有镜头，电吹风必须有风筒等。便携（移动）式家电产品以紧凑型造型为首选，兼顾功能的多样化，体量上一般趋于小型化，但不是微型化（除特殊需要外），以方便携带和使用（图1-9）。

固定式的家电产品如洗衣机、电冰箱、电视机等，其功能要求洗衣机必须有漂洗筒，冰箱必须有冷藏（冷冻）室，电视机必须有屏幕，造型也应围绕相应功能要求展开。这些固定式家电产品以大块面整体造型为主，兼顾功能上的多样化。体量上趋于大型化与小型化并存，以适合不同的消费人群。

此外，像钟表这类产品，首先必须突出时间显示界面的造型创意与变化，功能其次，体量没有定律，各有所需。

1.2.1.2　交通工具

交通工具的运动特性，决定了其功能与造型的密切关系。

通常高速运行的交通工具如火车、飞机、磁悬浮列车、跑车等，其外观造型直接与运行速度有关。因此，它们头部都具有流线型造型，以减小风阻，提高运行速度（图1-10）。

1.2.1.3　IT产品

IT产品如手机、电脑、MP3等，科技含量普遍较高，因此其造型也主要以数码概念为特征，以概括和抽象的形体为特色，以突出主题的功能特点为界面设计的依据，产生具有视觉和触觉双重冲击力的精密型产品（图1-11）。

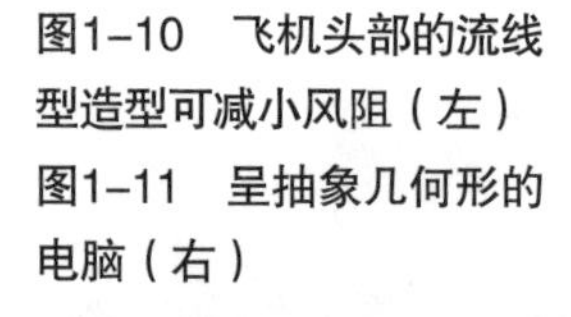

图1-10　飞机头部的流线型造型可减小风阻（左）
图1-11　呈抽象几何形的电脑（右）

1.2.1.4　家具类产品

家具类产品通常具备储物功能或容纳人、物等功能，又兼顾协调室内环境的装饰功能。因此其功能与造型也是密切关联的。

储物类家具如衣柜、杂物柜、鞋柜、书柜及橱柜等，注重储藏空间的体量与分割，以容纳不同类型的衣、物。其造型也是以在此基础上的大块面造型为主。

坐、寝具首先以满足人体的坐、倚、躺的生理舒适度（人机工学要求）为基本功能要求，在此基础上来作形态变化，创造室内空间中的视觉亮点。

置物架类一般放置在室内某个特定部位，如酒具架、饰品架、厨具架、卫浴架等，既具备特定的容纳功能，又兼具装饰艺术性。因此，其造型与功能的配合在室内环境中也起着很重要的点缀作用（图 1–12、图 1–13）。

1.2.1.5　玩具

玩具能够吸引人的首要条件就是造型的独特性，但凡成功的玩具个案都有其鲜明的造型和色彩特征。玩具又由于具备娱乐、益智的功能而使其成为各年龄段人群休闲娱乐的一大消费热点。玩具的特点决定了其功能和造型的同等重要地位。例如低幼阶段的玩具，造型中直接融入功能性，以适应此阶段孩童的视觉、知觉、触觉。而玩具型童车则主要以造型、色彩创意为主，突出童趣和简单使用功能，没必要考虑风阻的影响（图 1–14）。

1.2.1.6　饰品、器皿

饰品主要用来装饰室内环境或人体本身，它的特殊性决定了其装饰功能的首要地位，装饰效果的强烈与否决定了其造型的主要特征（图 1–15）。

器皿一般用来盛放固体或液体物质，如花瓶、烟灰缸、笔筒等，其功能是一个主要的用途指标。但近年来，随着人们生活水平的提高，

图1–12　具有储物功能的书柜（左）

图1–13　兼具装饰艺术性的衣橱（中）

图1–14　色彩丰富的玩具（右）

图1-15　挂件饰品

图1-16　富有装饰性的器皿

器皿设计的造型变得日趋重要，甚至超过了对器皿本身的功能需求，被人们拿来作为装饰艺术品陈列，其装饰性在室内装饰艺术中有着画龙点睛的作用（图 1-16）。

1.2.1.7　仪器设备

仪器设备通常用于特定场合，如生产车间、医院、实验室等。因不同的需要，其体量从便携、小型、大型到巨型均有。仪器设备重点突出的是使用功能性，因此在造型上通常趋于规整、庄重。随着电子技术的不断提高，操作界面日趋清晰、简单，功能也日趋增多。

1.2.2　产品的结构与造型关系

产品的结构与造型是工业设计的两个重要环节，两者相辅相成。结构与外观的完美统一是获得美的造型的重要条件之一。

和产品的功能与造型关系一样，不同的结构也有着不同的造型。

产品的外部结构首先要确保使用的稳定性（物理平衡），注意连接部位结构的牢固性；其次还要充分考虑其安全性。例如外凸部位避免尖角、锐角；金属连接件尽量沉于孔中，或做平头处理；玩具类产品更是需要注意表面造型的顺滑性；家具类产品的支脚要避免外伸过度，给来往行人和使用者带来危险；家电、交通工具、IT 产品、玩具及仪器设备的外形设计要注意给内部需要散热或需要运动的部件留有安全的空间，这类安全间隙的尺度具体可查阅相应的国家标准或行业标准。

还有一类无外壳的产品如弯管家具、自行车等，其外形结构直接与造型相关联。这类产品在外形设计时必须充分考虑结构的强度及稳定性，所以设计时应特别慎重。

产品的外壳通常是通过注塑、薄板冲压、金属压铸等方式成型，因此设计其外部结构时还要充分考虑加工工艺方面的因素。

选择注塑法时要注意壳体拔模斜度、分型面对造型的影响。表面细节要避免过于复杂，以免造成清理难度的提高及制造成本的提高；家用电器和玩具的外壳多为注塑结构，面与面的转折处要尽量避免直角或锐角，以避免出现明显缺陷。如确实需要，也应倒圆角过渡；接缝的造型和位置处理也要得当，一般安排在产品的侧面或后面，以尽量隐蔽接缝处的缺陷。

选择薄板冲压法时要注意壳体表面凹凸造型（包括加强筋）、通风槽孔及装饰线条的合理布局，避免过密排列而造成局部强度减弱、残次品增多或因制造精度提高造成的加工成本提高。交通工具类产品表面常以外凸的流线型造型为多，避免大面积的内凹壳体造型，以增强表面的抗冲击性、抗变形性，减小风阻，并给人以饱满、可靠的视觉效果和心理感受。

而金属压铸法压铸的外壳集前两者的优点于一身，既可以达到注塑外壳的造型，又比薄板冲压外壳具有更高的强度和精度。唯一不足的是金属压铸的成本较高，所以一般压铸的外壳结构只在高端产品中得以应用。

第二章　产品的外部构造原理（产品构成的基本形态与方法）

【本章要点】

1. 产品构成的基本形态（产品外部的基本形态）
2. 产品构成的基本方法（产品外部形态的基本构成方法）

2.1　产品构成的基本形态（产品外部的基本形态）

世界上的形态包罗万象，大到宇宙天体，小到微观世界里的细胞粒子，无不显示出形态的差异与变化。按照形态学的划分原则，通常将形态分成两类——概念形态与现实形态。

2.1.1　概念形态

概念形态是以几何学处理的，不能直接知觉的概念性形态。它们是用大家约定俗成的因素表示概念的抽象形态。概念形态既包含了所谓的几何抽象形态，还包含大自然中一些有机抽象形态和偶发抽象形态。

其中，几何抽象形态是由基本的几何元素如点、直线、曲线、平面、曲面等构成的几何形物体，通常是指空间的有限部分，一般由三条或更多的边或曲线或以上两种东西结合而成，具有一定规则性与封闭性，如棱柱体、立方体、圆柱体、球体等。几何形态是具象图形被符号化提炼的产物。由于其具有单纯、简洁、庄重、调和、规则等特性，因而具有悠久的使用历史。几何形态元素在设计中的运用是设计由传统走向现代的主要标志。几何形态元素见证了现代设计的成长历程，并贯穿于现代设计的始终（图 2-1、图 2-2）。

有机抽象形态通常具有曲面造型，形态饱满而圆润，单纯而富有张力。常见的有肥皂泡、鹅卵石、生物的细胞组织等。

偶发抽象形态是指一些事物在自然界中偶然发生的形态。像天空中的闪电，物体受外力冲击断裂的形态，水泼出去的形态，玻璃的破

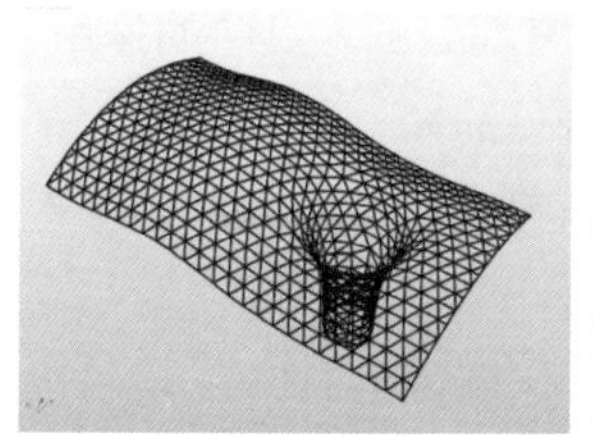

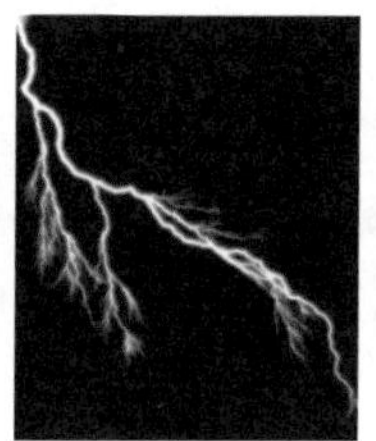

碎形态等。上述这些形态往往是极端无序的，充满刺激的，通常会给人以启迪和联想,因此它们比一般规则形态更具魅力和吸引力（图 2-3、图 2-4）。

图2-1　几何抽象形态——曲面
图2-2　简洁的圆柱体
图2-3　令人震撼的闪电形态
图2-4　饱满圆滑的泡泡（从左至右）

2.1.2　现实形态

现实形态是指人类生存的空间中随处可通过视觉、触觉等感官直接感知的物体形态，大体可分为自然形态和人造形态两类。

2.1.2.1　自然形态

自然形态是指在自然法则下形成的各种可视或可触摸的形态。它不随人的意志改变而存在，如高山、树木、瀑布、溪流、石头等。自然形态又可分为有机形态与无机形态。有机形态是指可以再生的，有生长机能的形态，它给人舒畅、和谐、自然、古朴的感觉，但需要考虑形本身和外在力的相互关系才能合理存在；无机形态是指相对静止，不具备生长机能的形态。自然形成,非人的意志可以控制结果的形称“偶然形”,偶然形给人特殊、抒情的感觉,但有难以得到和流于轻率的缺点。非秩序性，且故意寻求表现某种情感特征的形称为“不规则形”，不规则形给人活泼多样、轻快而富有变化的感觉，但如处理不当会导致混乱无章、七零八落的后果。

2.1.2.2　人造形态

人造形态即如产品、建筑等非自然生长的人造物形态。这里我们重点要研究的是人造形态中的产品形态。与感觉、构成、结构、材质、色彩、空间、功能等密切相联系的“形”是产品的物质形体，产品造型指产品的外形；“态”则指产品可感觉的外观情状和神态，也可理解为产品外观的表情因素。

产品形态作为传递产品信息的第一要素，是指通过设计、制造来满足顾客需求，最终呈现在顾客面前的产品状况，包括：产品传达的意识形态（传达产品的精神属性）、视觉形态（传达产品的包装属性）和应用形态（传达产品的使用属性）。它能使产品内在的质、组织、结构、内涵等本质因素上升为外在表象因素，并通过视觉而使人产生一种生理和心理过程。产品通常是以点、线、面（板）、体（块）这些元素构成其基本形态。

点，通常是指广义上点的概念，在产品中通常起着画龙点睛的作用，成为视觉的焦点，或者作为一个关节使用。常见的如：开关按钮、手机按键、镶嵌饰物、家具关节、玩具关节、珠宝石材等。点的形态通常使人感觉具有突出、概括、韵律特点。

线，通常是指广义的线性材料，指具有一定断面形状、一定长度的材料。如铝型材、塑钢型材、型钢（圆钢、角钢、工字钢、槽钢等）、各类管材、各类棒材等。线材在产品中通常用做框架构造，有时甚至整个产品都可以用线材构成。常见的如桁架结构的桥梁、建筑，家居用品的框架，交通工具的框架等。线的形态通常给人以挺拔、刚劲、通透、多变、整齐、精练的美感。

面，通常是由具有一定厚度、一定面积的板材构成。常用的板材有金属板、木板、玻璃板、有机板、复合板等。板材的实际应用非常广泛，建筑物的外墙及地面贴面、机械设备的面板、仪器仪表的罩板、家具的面板、家电类面板、大型交通工具的外壳等都能找到板材的应用。板材的形态通常给人以平整、挺括、顺滑、整洁、纯朴的心理感受。

块，通常是由占据一定空间体量的材料构成。在产品中，块材的使用也非常广泛。块材也可看作是点材的体量放大，如吸尘器壳体、电视机壳体、玩具壳体等。块材最能给人以整体连贯的美感，以及敦厚、圆润、稳重平实的视觉效果（图 2-5~ 图 2-8）。

图2-5　点状开关（左）
图2-6　面状玻璃墙（右）

图2-7　线与桥（左）
图2-8　块状壳体（右）

通常情况下，这些基本形态是综合地存在于产品上的，它们相互依存，相互映衬，既发挥着各自不同的功用，又有机地融为一体，产生完美结合的整体效果。

2.2 产品构成的基本方法（产品外部形态的基本构成方法）

产品的形态一般分为功能形态、装饰形态（或符号形态）、色彩形态三类。

2.2.1 功能形态

所谓“功能形态”，就是产品的物质性结构，这种结构附载一定的功能，是由材料的相互关系所决定的。如木材可以制作椅子也可以做成桌子，材料相同，面结构不同，其产品的功能也就不同。可见，产品的功能主要是由结构所决定的，结构是产品功能的载体，没有结构就没有产品的功能。

结构是功能的物质载体，结构本质上是功能的结构，它是依据产品的功能和目的来选择和建立的。结构因功能而存在，功能因结构而得以实现。同一种结构可以有多种功能，如泵的结构与风扇的结构相似，功能却不相同；而同一功能，会有一些不同的结构，如洗衣机有滚筒式和涡轮式的机械结构型，还有超声波振动型的，结构差别很大，功能则相同。

2.2.2 装饰形态

一般而言，产品的结构决定了产品的外部形态，这种受制于结构的形态可以称之为功能形态。除此之外，有的形态不完全由结构来决定和表现，而具有较大的独立性，这就为装饰形态的产生和发展提供了空间。我们把产品所有外部特征都归为产品的装饰形态，产品只有通过其外部形态才能成为人的使用对象和认识对象，发挥其功能。产品的装饰形态多种多样，可以说是无限的。装饰形态也有不同的层次，如与功能相联系的装饰形态，纯装饰的形态等。

形态又是一种符号，它是产品自身的外在形象和信息综合体，是产品的表征。形态因而是产品质量和造型质量的反映。形态作为产品本身的一种语言和符号，这种语言和符号常常是可理解、易记忆和易认识的。

2.2.3 色彩形态

色彩形态是产品的色彩外观，是色相和色度的表现。色彩形态不仅具有审美性和装饰性，而且还具有符号意义和象征意义，如红色象征革命、热烈；白色象征素洁；绿色象征生命、春天、和平等。

而产品形态构成的基本方法，总的来说是按照“分割”和“积聚”这两个规律来进行的。

“分割”在形态表现上可看成是“失去”或“分离”，在体量上可认为“减少”。而“积聚”在形态表现上可看成是“组合”或“合成”，在体量上可认为是“增加”。

工业设计所涉及的产品，其形态创造，有些是以分割为主，有些则以积聚为主，还有一些较为复杂的形态，其构成规律是两种方法的组合。但无论产品的形态是分割还是积聚，绝大多数的构成基础均出自几何形态。几何形态是各种形态中最基本、最单纯的一种形态。从几何形态出发，将局部或整体做分割或积聚处理，便会创造出较为复杂或变化的主体形态。

产品形态分割和积聚的也是有其各自的基本规律的。

分割（也称切割）是指在三维几何形态的创造中，通过对三维表面的分割（不去除材料）或切割（去除材料），产生新的形态或功能。而积聚（也称组合）是指在三维几何形态的创造中，通过对三维表面的积聚或组合，产生新的形态。应该指出的是，无论分割或积聚，都可以在不同的基本形体间进行，就像三维软件中的布尔运算一样，形体间的加、减法可以根据需要进行。

在产品的形态构造中，还有很大部分是混合运用了分割和积聚这两种方法，以符合功能及造型等多方面的要求。

此外，无论是采用分割还是积聚的造型手法，都应该遵循某种内在规律，体现出产品形态组成的节奏、韵律，而避免形态的无序或纷杂。

3

第三章　影响产品外部构造的要素简述

【本章要点】

1. 形态与构造
2. 强度与构造
3. 功能与构造
4. 材料与构造
5. 工艺与构造
6. 色彩、肌理与构造
7. 界面与构造
8. 视错觉与三维构造

通常情况下，产品外部构造受到诸多要素的影响，它们互相关联、互相作用，并在产品的最终特征呈现上各有表现。与产品外部构造关联程度较高的要素有：形态、强度、功能、材料、工艺、色彩肌理、界面以及用以视觉效果调整的视错觉等。

3.1　形态与构造

形态是决定产品外观的主要因素之一，形态也是决定产品外部构造的主要因素之一；反过来，产品外部构造又决定着形态的表现模式。形态与产品外部构造的关系是复杂的、综合的和互相对应的。

复杂的构造要用一个单体来表现是很困难的。构造的行为就是要把复杂构造分解成小一点、简单一点的构造，一个一个研究和强化，最终可以组合在一起，形成一个复合体构造。

无论是简单构造还是复杂（复合）构造的形式，都离不开基于构造的基本元素（点、线、面、体）的表现与组合。它们的表现形式通常有“实”的和“虚”的两种形式，以下是这些基本元素的虚实表现形式举例。

3.1.1 点的构造形式

3.1.1.1 突出的或添加材料的形式（也可以理解为“实点”的形式）（图 3–1）

图3–1 实点（突出形成的点/添加材料形成的点）

3.1.1.2 凹陷的或去除材料的形式（也可以理解为“虚点”的形式）（图 3–2）

图3–2 虚点（凹陷并去除材料形成的点/去除材料形成的点）

3.1.2 线的构造形式

3.1.2.1 具有实体材料的线的形式（含实点排列构成的线）（也可以理解为“实线”的形式）（图 3–3）

图3–3 实线（实点排列构成的线/实体材料构成的线）

3.1.2.2　由凹陷或去除材料形成的线的形式（含虚点排列构成的线）（也可以理解为“虚线”的形式）（图 3–4）

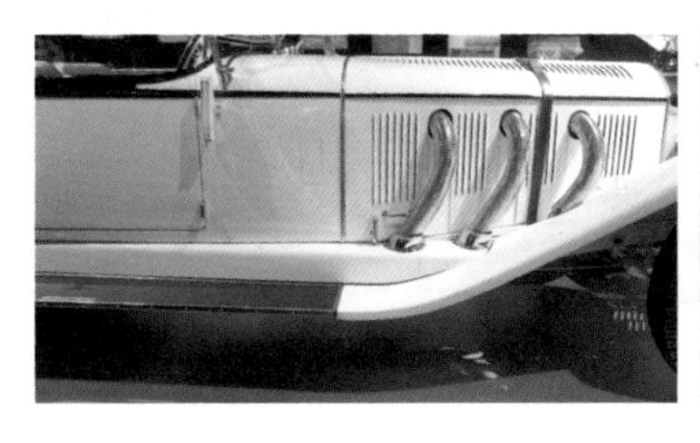
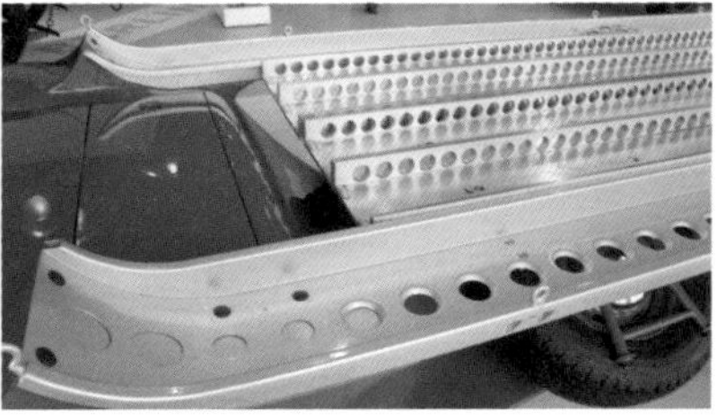

图3–4　虚线（去除材料形成的线/虚点排列构成的线）

3.1.3　面的构造形式

3.1.3.1　由实体平面或曲面构成的形式（也可以理解为“实面”的形式）（图 3–5）

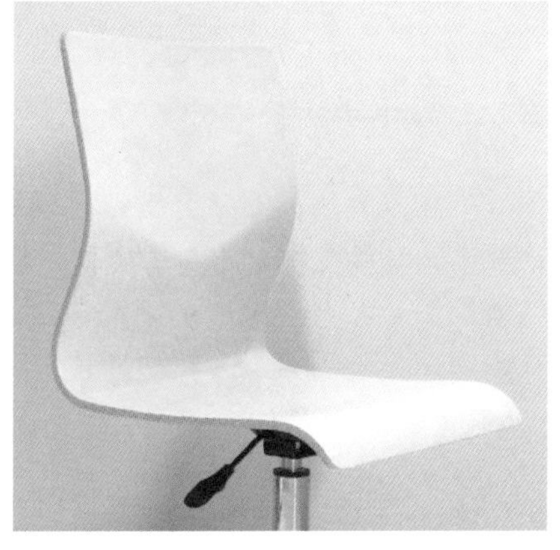

图3–5　实体平面/实体曲面构成的实面

3.1.3.2　由多点或多线构成的形式（也可以理解为“虚面”的形式）（图 3–6）

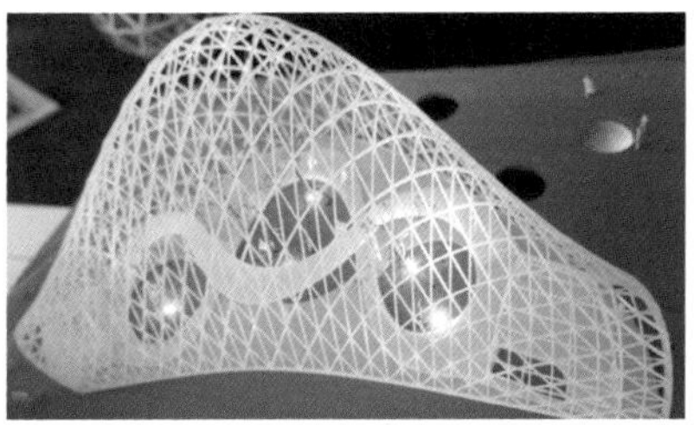

图3–6　多点（左）/多线（右）构成的虚面

3.1.4　体的构造形式

3.1.4.1　由整个体块构成的形式（也可以理解为“实体”的形式）（图 3–7）

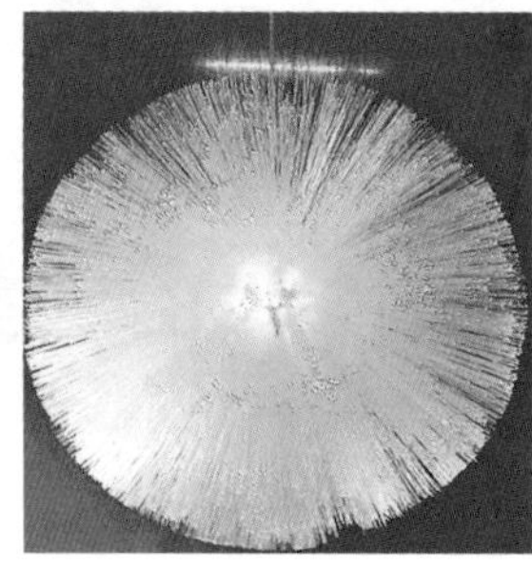

图3-7　整个块体构成的实体（左）

图3-8　多线（左）/多点、线（中）/多面（右）构成的"虚体"

3.1.4.2　由多点、多线或多面构成的形式（也可以理解为"虚体"的形式）（图 3-8）

构造的体量按照基本构造元素——点、线、面、体来描述，一般可以理解为点较小、线次之、面较大、体最大。但这是相对而言的，也有一些非常规的表现，如图 3-1 中的汽车车轮，就可以视做一个体量较大的点，用以装饰整车。

3.2　强度与构造

结构是元素的组合方式，用来荷载、容纳或保护某件东西。很多情况下，结构支撑其本身（即自身材料重量），而其他情况下，则支撑自身与附加荷载。按照构造形式可分为三种：实体结构、框架结构和外壳结构。

3.2.1　实体结构与强度

实体结构就是把材料放在一起，形成一个坚固的结构。其结构强度就是重量与坚固材料所形成的功能强度（图 3-9）。这种结构失去一小部分，对强度仍然影响不大，但这种实材堆砌的方法在简单的设计运用中很少用到，除非是障碍物、墙这样的结构。

图3-9　实体结构

3.2.2　框架结构与强度

框架结构就是结合支柱形成一个框架。其架构结构就是元素与结合点的强度，及其组合所形成的功能强度。通常这种框架外会被附加覆盖物或外壳，但它们几乎不能增加结构的强度（图 3-10）。大部分交通工具、家电产品、仪器设备都属于此类（图 3-11）。

3.2.3　外壳结构与强度

外壳结构就是用轻薄的硬性材料做成的一个壳体，它具有一定容积，里面可以不用框架或实体，就可以维持容积的形状及荷载。如厨

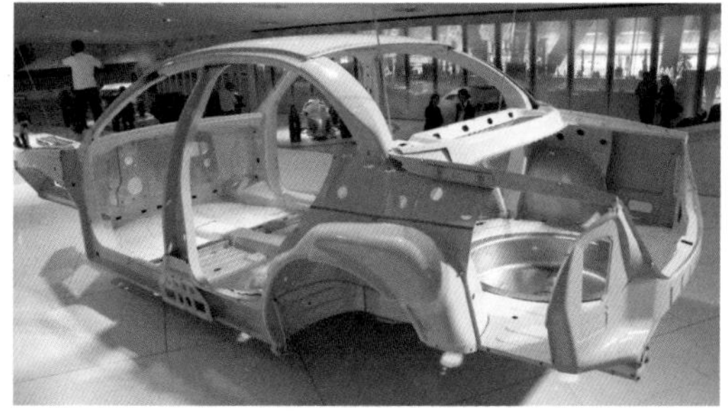

图3-10　照相机框架结构（左）
图3-11　汽车框架结构（中）
图3-12　外壳结构（右）

具中的锅、餐具中的碗、容器中的瓶均属此类（图 3-12）。

通常强度是带方向性的，力学中常用弯曲强度、拉伸强度、剪切强度、扭曲强度等来度量和检测。在产品构造设计中，要结合实际功能要求（必要的话会同结构工程师）来科学利用材料，进行预先建构、测评和修整，以确保产品具有足够的强度。

3.3　功能与构造

构造的功能表述主要侧重于语义的表述，用正确的功能语义来表述构造的用途，通过简单扼要的构造方式来呈现功能信息，不致让人面对它的功能摸不着边，不知其所云。所谓的形式追随功能也是此意，构造的表现形式取决于其用途与功能。以下是产品外部构造的三种功能表达结果。

1. 准确的功能表达（图 3-13），茶壶的功能特征非常明确，一看便知。

2. 模棱两可的功能表达——便携式移动电源（图 3-14），功能特征不太明确，很容易误解为行李箱或别的什么东西。

3. 模糊的功能表达（图 3-15）——曾经出现过的 Apple 影视播放机顶盒，从外形上看根本无法辨别产品的功能属性，并且最终因为需要电视网络支持而无法实现独立使用，最终谢世。它是苹果家族中一个不成功的例子。

图3-13　准确的茶壶功能特征表达（左）
图3-14　不清晰的便携式移动电源功能表达（中）
图3-15　模糊的影视播放机顶盒功能表达（右）

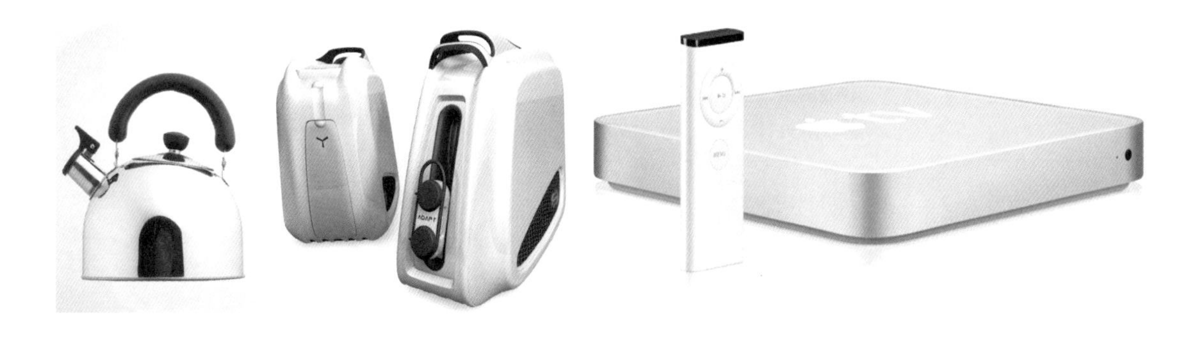

3.4　材料与构造

材料的特征、性质，决定了构造的形态、功能与用途。选择合适的材料对于形成针对性用途的构造意义重大，不仅在外观、强度、重量、造价（成本）等方面，还在可持续发展、绿色设计方面起着主导作用。

常用材料列表如表 3–1 所示。

表3–1

材料名称		强度①/熔（燃）点	密度②（g/cm^3）	可否降解或回收利用
天然材料	竹材	抗拉强度：100 ~ 400 MPa。 抗压强度：25 ~ 100MPa。 弯曲强度：70 ~ 300MPa。 燃点：250 ~300℃	0.5~0.8	可自然降解/不可回收
	木材	抗拉强度：70~150MPa。 燃点：250~400℃	0.1~1.3	可自然降解/可再利用
	藤材	—	—	可自然降解/不可回收
金属	钢 （合金，以45号钢为例）	抗拉强度：>600MPa。 熔点：约1400℃。 具有较高抗腐蚀性、优良的可焊性、较高的强度、适中的价格。通过加工可以制成各种形状、尺寸和性能的材料和产品，应用广泛	7.8	难以自然降解/可回收利用
	铝 （合金）	抗拉强度：240 ~ 600MPa。 熔点：650℃。 具有较高的抗蚀性、良好的可焊性，强度中等	2.7，约为钢的1/3	难以自然降解/可回收利用
	钛 （合金）	抗拉强度：1800MPa。 熔点：1720℃（纯钛）。 具有较高的抗蚀性、耐热性、良好的可焊性和很高强度的特性	4.5，略高于钢的1/2	难以自然降解/可回收利用
	铜 （合金）	抗拉强度：1000MPa。 熔点：1083℃。 具有优良的导电性、导热性、延展性和耐蚀性	8.9，略高于钢	难以自然降解/可回收利用

续表

材料名称		强度①/熔（燃）点	密度②（g/cm^3）	可否降解或回收利用
非金属	塑料（以有机玻璃为例）	抗拉强度：55～77MPa。 抗压强度：130MPa。 熔点：130～140℃	0.8~2.3，约为钢的1/10~1/4（有机玻璃：1.2，约为铝合金的1/2）	难以自然降解/可回收利用
	橡胶（合成）	熔点：无一定熔点，加热到130～140℃完全软化，200℃左右开始分解。 具有高弹性（弹性伸长率可达1000%）、耐油性、耐弯曲性、减震性能以及耐热性能等	0.8~2.0，约为钢的1/10~1/4	难以自然降解/可回收利用
	玻璃（以钢化玻璃为例）	抗压强度：125MPa。 熔点：无一定熔点，加热到600℃完全软化	1.5~2.0，约为钢的1/5~1/4	难以自然降解/可回收利用
	陶瓷（以透明陶瓷为例）	抗冲击强度：2452Pa。 抗压强度：340MPa。 抗弯强度：40～50MPa。 熔点：2050℃左右。 全透明。外表几乎与玻璃一样，但强度、硬度均比玻璃高得多，而且化学稳定性也高，耐火温度高，热稳定性好，绝缘性好。它的抗表面损坏性能非常好，故可以用于超音速飞机座舱及高级防弹车的挡风玻璃或应用于建筑业	2.7，约为钢的1/3	难以自然降解/可部分回收利用
	碳纤维	抗拉强度：>3500MPa（钢的7～9倍）。 熔点：无（在3649℃附近升华）。 具有抗摩擦、耐高温，是热、电的不良导体，耐疲劳、抗腐蚀，高强度	不到钢的1/4	难以自然降解/可部分回收利用

① 数据引用自百度百科/百度文库。
② 数据引用自百度百科。

3.5 工艺与构造

同样的外部形态，由于材料工艺的不同，局部会产生细微的变化，需要视具体情况作具体修正。如遇较大尺寸的外形，还需根据工艺和造型进行分型制作。以下为具体要点。

3.5.1 过渡圆角

壳体转角处的过渡圆角最小半径受到工艺条件的制约，如不同厚度的板材折弯半径不同，越厚则折弯半径越大（具体可参阅相关金属材料加工手册）（图 3–16）。

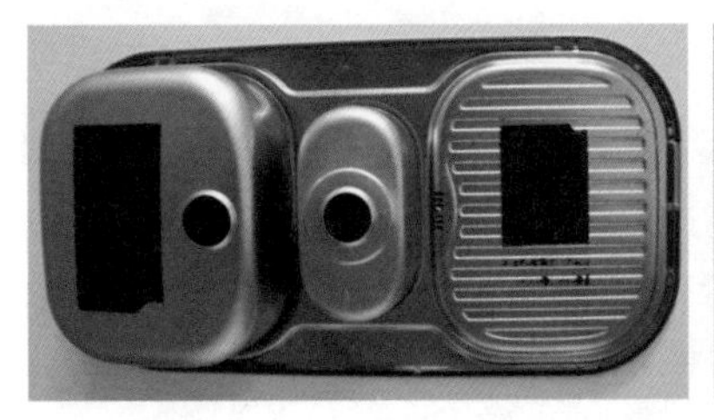

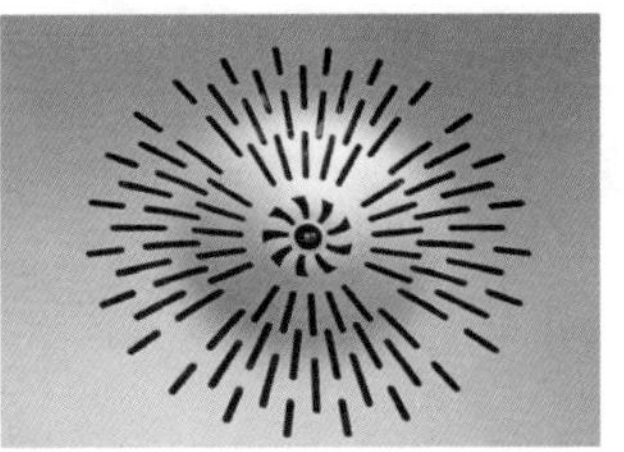

图3-16　厨房水槽的过渡圆角（左）
图3-17　灯罩背面的散热孔隙（中）
图3-18　电子仪器侧面的散热孔隙（右）

3.5.2　孔隙

壳体局部孔隙的加工受到材料和工艺的限制，如钣金上阵列的孔洞加工要考虑间隙不能太小，否则会影响表面平整度和成品率（图3-17）；注塑件阵列的散热孔槽间隙不能过密，不然会影响成品率（图3-18）。

3.5.3　弯管半径

图3-19　管径越大，转弯半径越大

金属弯管加工，最小转弯半径受到材料制约，如管径越大，则转弯半径越大（图 3-19）（具体可参阅相关金属材料加工手册）。

3.5.4　曲木加工

木材的曲面加工受材料特性限制（除非那种采用整块原木或粘合木料进行雕刻的浪费做法），很难进行折弯加工，即使曲木工艺也受到很大条件限制，也不能完成很小半径的折弯（图 3-20）。

3.5.5　拼缝

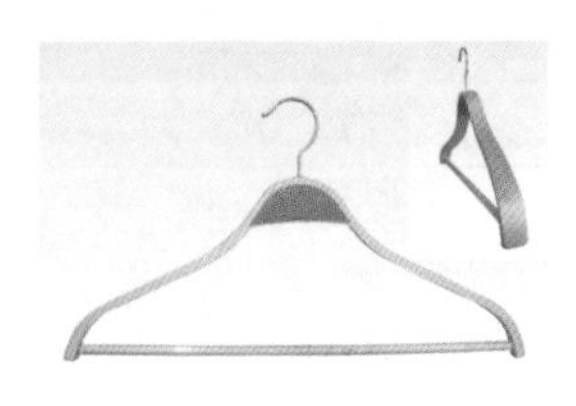

图3-20　曲木衣架的折弯半径

各构件间拼合的缝隙是存在的，一般要把拼缝放在较为隐蔽之处，如果工艺精准，也可例外地作为装饰线条存在于主要构件表面（图3-21）。

3.6　色彩、肌理与构造

3.6.1　构造间的必要色彩、肌理区分

图3-21　奥迪汽车前脸拼缝

将外形构造的细部进行色彩的区分是必要的，这样可以对整体构造进行更好的修饰和语义传达。如按钮与机体的颜色、肌理区分（图 3-22）、固定件与活动件（可拆件）的颜色 / 肌理区分（图3-23）等。

对于构造的修饰，最方便而实用的方法就是区分它们表面的肌理，这可以通过采用不同的原材料或采用铸造加工而产生，如高光、亚光、磨砂及其他纹理。

图3-22　MP3的按键与机体的颜色、肌理区分（左）
图3-23　游戏机手柄的固定件与活动件的颜色、肌理区分（右）

3.6.2　各种构造的色彩选择

不同用途的产品，其外部构造的色彩有所区别，例如医疗设备一般主体色彩柔和，如白色、浅灰等；而重型设备主体以醒目警示的黄色、橙色等为多；日用家居产品也以柔和色彩为主，当然也不排除其他色彩的运用；电子/数码产品通常选择纯度较低的颜色；儿童产品的外部构造一般选用纯度较高的鲜艳色彩。

3.7　界面与构造

现在，人机界面大量运用在工业上，并简单地区分为“第一界面”与“第二界面”两种，也称“输入”与“输出”。下文所述为其具体表现。

3.7.1　第一界面（用户界面——人与机械界面）

指由人来进行机械或设备的操作，如把手、开关、门、指令的下达或保养维护等。对汽车驾驶室内的方向盘、档位操纵杆、离合器及刹车板的大小与位置，仪表板的手伸及界面和按键疏密与大小，座椅尺度，驾驶室视野、工作空间等方面与构造的关系都应逐一进行校核与设计，使驾驶室的各方面构造都尽可能满足人体工程学的舒适性要求（图3-24）。该界面的构造设计主要由产品设计师完成，好的人机接口会帮助使用者更简单、正确和迅速地操作机械，使机械发挥最大的效能并延长使用寿命。

图3-24　汽车驾驶舱的第一界面

3.7.2　第二界面（运转界面——机械与物理界面）

指机械、软件或其他构件在接受人的操作指令后进行对应的工作，产生运作、故障、警告、操作说明提示等结果。输出功率的大小、速度的快慢等是通过这一界面的运作来完成切变的，此界面的构造通常隐含在系统内部，不暴露在外，也不能轻易改变（图3-25）。一般此界面的设计由工程师完成，这里不多加解析。

图3-25　汽车的第二界面

3.8 视错觉与三维构造

二维视错觉有很多种类，常见的有长度错觉、分割错觉、变形错觉、光渗错觉等。在产品的三维构造中，视觉上的理解又有了进一步的深入。具体如下。

3.8.1 长度错觉

长度相等的线段，由于所处的方位不同，或受两端附加要素的影响，产生了与实际长度不符的现象。真实的三维产品可以表现为实体平面的长宽比差异错觉（图 3–26），这两个屏幕尺寸其实是一样大的，但由于边框的长度尺寸差异，造成前者屏幕大于后者的错觉。

3.8.2 分割错觉

在产品上采用某一方向上的线段分割，分割前、后在该方向上的视觉效果产生量的变化（图 3–27）。

运用单线或子母线进行横向分割可使产品增强稳定感。但一般分割位置通常不采用中线分割，而是适当偏上或偏下。真实的三维产品可以表现为使用功能上的区域分割导向和整体视觉稳定感的分割需要。图 3–27 所示的两个冰箱，实际的总长宽尺寸相同，但是经过不同的横向分割，一是从视觉上划分出功能区域的体量大小，使人一目了然，二是在视觉美学上通过分割线的形态变化，对各自品牌的造型特征进行标识定义，使之有别于其他品牌。

3.8.3 变形错觉

由于所处的背景对人的视觉起了某些诱导或干扰作用，一些图形要素的形态失去了原有的真实感，出现变形。真实的三维产品则可表现为两种材质相互映衬下的位置差异错觉（图 3–28）。从外观来看，

图3–26 同尺寸显示屏，因为外框尺度差异，视觉上造成左边的屏幕尺寸较大的错觉

图3-27 同外形尺寸的冰箱，不同分割产生体量上的错觉，右面的体量显得更大（左）

图3-28 改变键盘座形态产生键盘变形的错觉（右）

两个键盘有很大不同，主要就是因为键盘座的形态对按键的排列方式起到了视觉干扰的作用，而实际上仔细观察，两者按键的排列并没有很大的区别。

3.8.4 光渗错觉

一黑一白两个大小形状完全相同的形体进行对比，由于白色形体的周边发生光的渗出，结果视觉上白色形体比黑色形体大些。真实的三维产品则表现为体量的大小和重量的差异错觉。图3-29所示的手机，实际外形尺寸相同，只是色彩不同，视觉上明显白色手机的体量要大于黑色手机。

图3-29 黑、白手机的光渗错觉造成体量差异

4

第四章　产品构造稳定性与安全性

【本章要点】

1. 产品构造的静平衡原理
2. 产品构造的动平衡原理
3. 产品构造的安全性

产品构造的稳定性需要考虑两方面的特性：静平衡和动平衡。了解与掌握静平衡和动平衡的原理，对于产品设计是至关重要的，静态产品一般只考虑静平衡因素，而动态产品则需要考虑两者的影响因素。产品构造的安全性则主要考虑三个方面的因素：产品放置的稳定性、产品与人接触的安全性，以及产品内部动件与不动件之间的安全性等。

4.1　产品构造的静平衡原理

在设计中要保持产品的静平衡是最根本的，产品在静止状态或者活动状态要稳定、可靠，不能发生侧翻。例如台灯在台面上必须能稳固摆放；立式电风扇在地面上稳定支撑；叉车没有运货物时是稳定的，当有货物承载时，也是稳定的。静平衡是基础的物理力学知识，把这种科学知识巧妙地和设计结合起来，会产生耳目一新的创意产品。

4.1.1　重心

地球上的物体都受到地球的吸引力，这个吸引力就是重力。严格地讲，物体的重力是一个分布力，分布在物体的各个部分，我们通常所说的重力是指这个分布力的合力。可以证明，无论物体如何放置，其重力（合力）均通过一个确定的点，这个点就是物体的重心。

重心是力学中的一个十分重要的概念，在工程实际中有着很重要的意义。物体的平衡和稳定，物体旋转时振动的大小等均涉及重心的位置。

物体重心坐标的一般公式如下：

假想将物体分割成若干个微小部分，每部分的重力分别为 ΔG_1、ΔG_2……ΔG_n，各力作用点的坐标分别为（x_1，y_1，z_1）、（x_2，y_2，

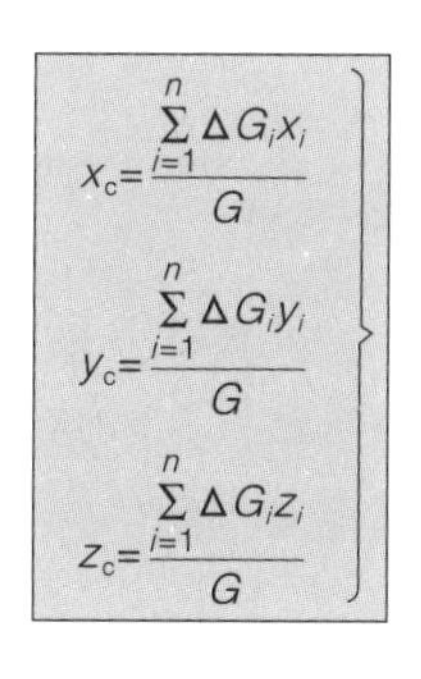

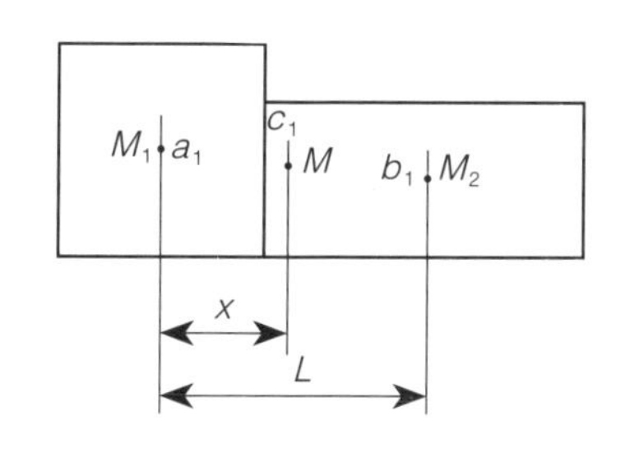

图4-1　重心坐标计算

z_2）……（x_n，y_n，z_n），该物体的重力 $G=\Delta G_1+\Delta G_2+\cdots\cdots+\Delta G_n$。由合力矩定理可得其重心坐标公式为（图 4-1）：

4.1.2　静平衡

在无外力的作用下，物体的重心在竖直方向的投影只有落在物体的支撑面内或支撑点上，物体才能处于静平衡状态。

在空载或者负载的情况下，通过计算物体重心的位置，和支撑面的范围进行比较，得出物体是否处于静平衡状态，处于静平衡状态的物体是稳定的，否则物体会发生倾倒等现象。零重力咖啡杯（图 4-2）和“重力倾斜”酒架（图 4-3）重心刚好通过支撑面，处于静平衡状态。

平衡位置系统的稳定性：当一个力学系统（或机械系统）受外力系的作用而处于平衡状态时，受到外界的微小扰动后，系统是趋向于回复到平衡位置，则平衡是稳定的；系统越来越远离平衡位置，则是不稳定的。平衡又可分为稳定平衡、不稳定平衡和随遇平衡三个类型。

物体稳定的程度叫稳度，一般来说，使一个物体的平衡遭到破坏所需的力越大，这个平衡的稳度就越高。稳度与重心的高度及支撑面的大小有关，重心越低，支撑面越大，稳度越大。

不倒翁是静平衡的典型例子，一方面因为它上轻下重，底部有一个较重的铁块，所以重心很低；另一方面，不倒翁的底面大而圆滑，当它向一边倾斜时，它的重心和桌面的接触点不在同一条铅垂线上，重力作用会使它向另外一边摆动。当重力作用线此时恰好通过接触点时，它才不会继续摆动。

图4-2　零重力咖啡杯静平衡状态（左）
图4-3　“重力倾斜”酒架静平衡状态（右）

4.1.3　静平衡在设计中的应用

4.1.3.1　The_Balance 平衡椅

设计师 Pascal Anson 的椅子作品（图 4-4），其外表普通，但其神奇之处在于椅子可以处于三种不同的状态：平放、两脚站立和单脚站立，设计的原理就是利用了静平衡，特别是拥有平衡的内在使其可以一只脚站立，这是一个让人印象深刻的作品。

状态 1：四脚平放在地面上，无论在空载或者负载时，重心都在四个点形成的四边形中，处于静平衡状态，这也是最稳定的一种状态。

状态 2：两脚站立，此时椅子的重心线通过两点形成的直线，也是处于静平衡状态，但不能负载。

状态 3：单脚站立，此时椅子的重心线刚好通过那个着力点，也是处于静平衡状态，但感觉上不是很稳定。

三种状态椅子的重心是没有变化的，只是状态不同，重心线通过的位置不同。

4.1.3.2　弧形酒架

这个玻璃弧形酒架结构非常简单（图 4-5），只是在前部上端开了个卡瓶口的孔，用于固定酒瓶，酒瓶的后部由圆弧的另端托起。无酒瓶的时候，酒架重心在中间位置，支撑点为圆弧中心；有酒瓶的时候，整体的重心会后移，此时酒架的支撑点为略靠后的一个点，重心线通过支撑点，又重新处于静平衡状态。此设计说明了空载和负载时都可以处于平衡状态，只是重心位置不同和支撑点不同。

4.1.3.3　天平台灯

这是一盏非常有趣极具创意的台灯（图 4-6），设计师 Liao Chan Guan Jing 通过天平的启发，将台灯设计成天平的样子。它就像是一杆秤，灯管上标注刻度，还有一个可以移动的“砝码”，运用了重力原理来实现其独特的亮度调节方式，通过左右滑动“砝码”到不同的位置，通过轴的阻尼和重心力矩达到平衡，由此来控制灯的明亮程度。“砝码”离中心位置越远，灯就越亮。

图4-4　平衡椅的三种静平衡状态（左）
图4-5　弧形酒架的静平衡（中）
图4-6　天平台灯通过轴的阻尼和重心力矩达到平衡（右）

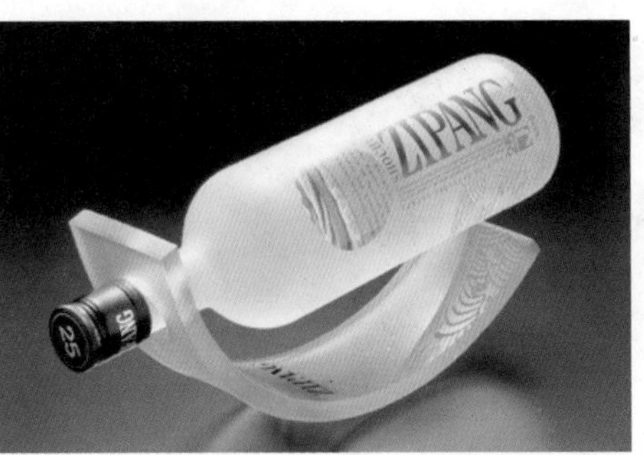

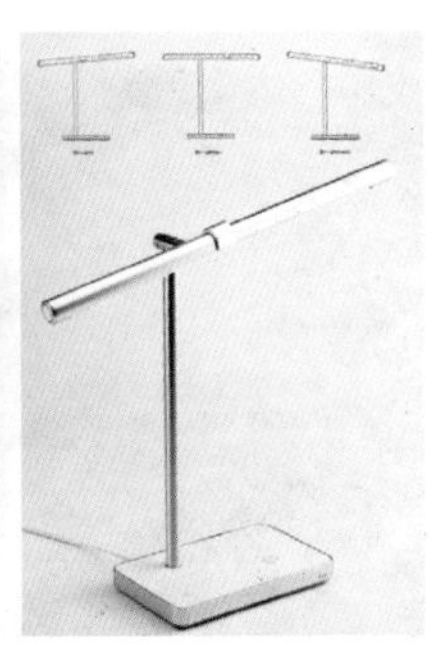

图4-7　钟摆椅的两种静平衡状态

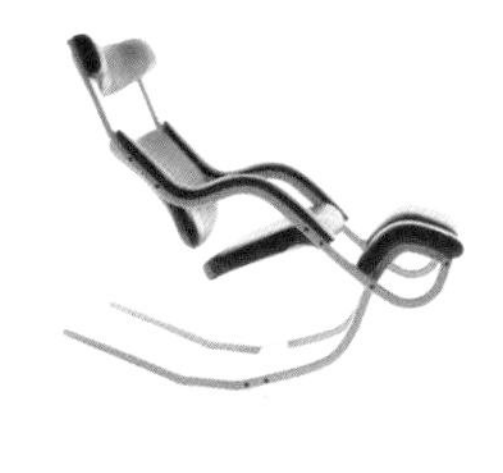

图4-8　重力平衡椅

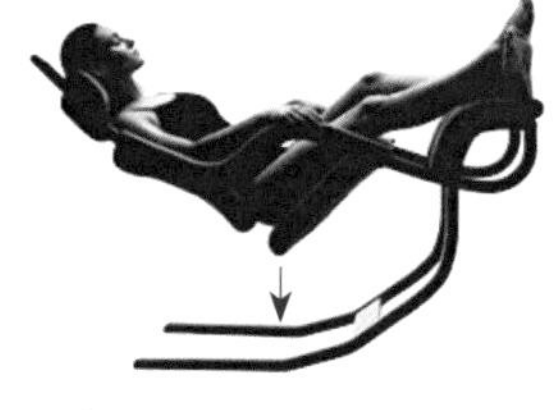

图4-9　重力平衡椅的四种状态

4.1.3.4　钟摆椅

挪威设计师 Peter Opsvik 的 Pendulum 设计的钟摆椅（图 4-7），前倾的时候交流很亲近，后靠的时候显得很轻松。

状态 1：重心线靠前，经过由前端着地的四边形内，处于静平衡状态。

状态 2：后靠时重心线发生变化，后移到后端着地的四边形内，也处于静平衡状态。

4.1.3.5　重力平衡椅

挪威设计师 Peter Opsvik 的 Gravity Balans 设计的重力平衡椅（图 4-8）是静平衡应用最典型的案例。它是多功能的，能在坐、后靠、躺下，甚至摇动四种状态（图 4-9）下分别处于静平衡。

状态 1：坐时，和膝盖摇椅很接近，重心线通过四个着地点形成的四边形内，处于静平衡。

状态 2：后靠时，和钟摆椅很接近，重心线通过着地的四边形内，处于静平衡。

状态 3：斜躺时，重心线在箭头所指处，重心线通过着地的四边形内，处于静平衡。

状态 4：平躺时，重心线在箭头所指处，重心线通过着地的四边形内，处于静平衡。

4.2　产品构造的动平衡原理

动平衡的概念范围很广，涉及物理、化学和生物等方面，可以从微观和宏观角度来分析，是很深的一门学科。产品构造的动平衡仅仅研究运动的产品在使用中可行性、可靠性和稳定性，主要应用机械结构的动力学；另外也研究单一零件的动平衡，以及对组合体的动平衡的影响。

4.2.1 惯性

惯性一般是指物体不受外力作用时，保持其原有运动状态的属性。

不仅静止的物体具有惯性，运动的物体也具有惯性；物体惯性的大小用其质量大小来衡量。人们对于运动中的种种惯性现象都能很好地理解；在实际中设计出种种利用惯性造福和防止惯性伤害的措施。

惯性是物理学中最基本的概念之一，也是学习物理学最早遇到的概念之一。这一极为普通和平凡的概念曾经引导许多物理学家深入思考和剖析，从而促进了物理学的重大进展，其中蕴涵着深刻的物理思想和丰富的物理学研究方法的教益，在设计中经常应用到这方面的基本物理知识。

陀螺（图 4-10）正是由于惯性，在高速旋转下保持很好的稳定性。当陀螺受力旋转时，因各方向离心力总和达到平衡，因此陀螺能暂时用轴端站立，保持平衡现象。人们利用陀螺的力学性质所制成的各种功能的陀螺装置称为陀螺仪，陀螺仪广泛应用在科学、技术、军事等各个领域。

图4-10　高速运动中的陀螺

4.2.2 动平衡

在产品构造中我们所指的动平衡是指物体在运动的过程中受惯性力或者其他动力的作用，各合力保持物体平稳的运动。

自行车（图 4-11）从 150 年前发展到今天，已经成为最普通的交通工具，要找到自行车的物理本质，首先要从平衡性出发。自行车在行进的过程中非常平稳，主要是“人—车”系统的平衡。自行车的动平衡是一个非常复杂的系统，有人认为自行车能够自我平衡是类似“陀螺”的一种表现。有人认为自行车主要是由于“轨道效应”而能够保持一定程度上的平衡。所谓“轨道效应”，即自行车的前轮可以像超市购物车的前轮一样起到方向控制作用。有人认为自行车重量分布可能对平衡起到很大的作用，特别是自行车前部重量中心的位置，可能极大影响了自行车稳定性。自行车演化到今天，都是现行常规的设计，关于自行车动平衡还有待进一步研究。

图4-11　1825年时的自行车

动平衡的应用：在代步交通工具的中，Segway（图 4-12）、Embrio 电动独轮车（图 4-13）和 Solowheel 单轮车（图 4-14）是利

图4-12 Segway——可以自动保持动平衡（左）
图4-13 Embrio独轮车——动平衡状态（右）

图4-14 Solowheel单轮车动平衡状态

用陀螺仪来保持平衡的。运动原理主要是建立在一种被称为“动态稳定”的基本原理上，也就是车辆本身的自动平衡能力。以内置的精密固态陀螺仪来判断车身所处的姿势状态，通过精密且高速的中央微处理器计算出适当的指令后，驱动马达来达到平衡的效果。陀螺仪直接产生的力矩远不足以平衡向前倾斜的独轮车，陀螺仪只是作为一个传感器，可以感知运动状态的变化，并将产生的电压信号送入处理器处理，通过放大电路再控制电机的运行，达到平衡的目的。

4.3 产品构造的安全性

产品构造的安全性是指产品的设计和结构必须能够保证在正常使用或运行过程中，不会对使用者产生伤害。

产品构造安全性的要求：

1. 产品的外部结构首先要确保使用的稳定性（物理平衡），如摆放的不平稳，设备易翻倒，导致对使用者和周围环境造成伤害。

2. 产品结构稳固，注意连接部位结构的牢固性。

3. 不允许有尖锐的边缘、角和毛刺。外凸部位避免尖角、锐角，金属连接件尽量沉于孔中，或作平头处理（图 4-15）；玩具类产品更是需要注意表面造型的顺滑性；家具类产品的支脚要避免外伸过度，给来往行人和使用者带来危险。

4. 不允许有因机械结构及工艺问题而导致人体受到撞击、划割等伤害的现象发生。

5. 对于有可能触及的带危险电压器件、转动的马达（风扇）（图 4-16）或其他可能产生危险的产品，要有防护壳、网，以保证使用者不被打伤。

6. 家电、交通工具、IT 产品、玩具及仪器设备的外形设计要注意给内部需要散热或需要运动的部件留有安全的空间（图 4-17），这类安全间隙的尺度具体可查阅相应的国家标准或行业标准。

7. 外壳材料强度不够，易受力破裂而造成内部运动部件或危险带电部件可触及。

产品的外壳通常是通过注塑、薄板冲压、金属压铸等方式成型，因此外部结构设计时还要充分考虑加工工艺方面的因素：注塑壳体要注意拔模斜度、分型面对造型的影响，表面细节避免过于复杂，以免造成清理难度的提高及制造成本的提高；家用电器和玩

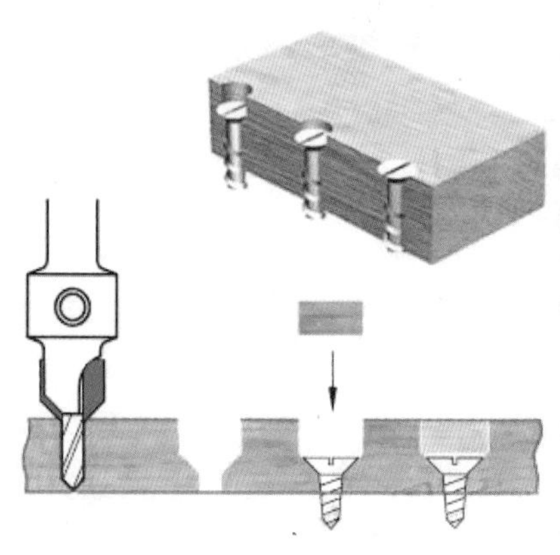

图4-15　沉孔螺钉连接

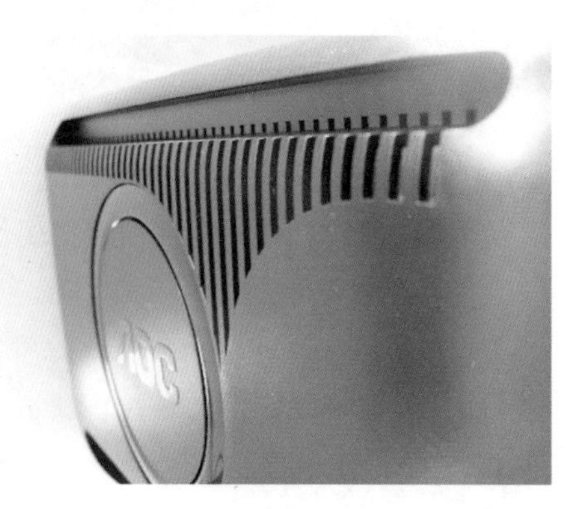

图4-16　电风扇须有保护网罩（左）
图4-17　显示器需要有足够的散热窗（右）

具（图 4-18）的外壳多为注塑结构，面与面的转折处要尽量避免直角或锐角，以避免出现明显缺陷。如确实需要，也应倒圆角过渡；接缝的造型和位置处理也要得当，一般安排在产品的侧面或后面，以尽量隐蔽接缝处的缺陷，而加工精度较高的结构的拼缝，则是对结构造型的一个补充和装饰（图 4-19）。

塑料件转角处均应尽可能采用圆弧过渡，因制件尖角处易产生应力集中，在受力或受冲击振动时会产生破裂，甚至在脱模过程中即由于模塑内应力而开裂。塑件设计成圆角（图 4-20），使模具型腔对应部位亦呈圆角，这样增加了模具的坚固性，塑件的外圆对应着型腔的内圆角，它使模具在淬火或使用时不致因应力集中而开裂。

加强筋的主要作用是增加制品强度和避免制品翘曲变形。单用增加壁厚的办法来提高塑料制品的强度，常常是不合理的，易产生缩孔或凹痕，此时可采用加强筋以增加塑件强度（图 4-21），防止塑料件发生翘曲变形。大型平面上纵横布置的加强筋能增加塑件的刚性，沿着塑料流向的加强筋，还能降低塑料的充模阻力。

薄板冲压壳体表面要合理布局凹凸造型（包括加强筋）、通风槽孔及装饰线条，避免过密排列而造成局部强度减弱、残次品增多或因制造精度提高造成的加工成本提高（图 4-22）；交通工具类表面常以外凸的流线型表面造型为多，避免大面积的内凹壳体造型，以增强表面的抗冲击性、抗变形性，减小风阻，并给人以饱满、可靠的视觉效果和心理感受。家电类和 IT 类产品中，若采用薄板冲压外壳，通常也以平面或大弧度外凸的表面居多，少见大面积内凹的造型。需要说明的是流线型外壳的造型，相对平面型外壳造型的制造难度要大很多，制造成本也相应偏高。

图4-18　儿童玩具表面转折处均须作倒圆角处理

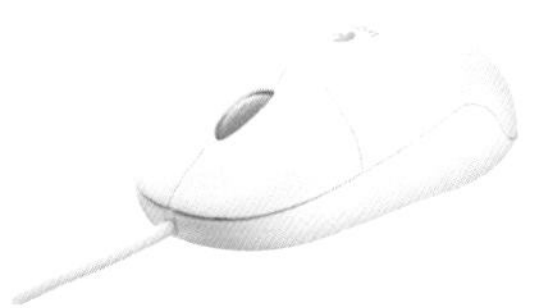

图4-19　结构拼缝线光滑、均匀

图4-20　塑料件倒圆角

图4-21　周转箱用加强筋增加牢度

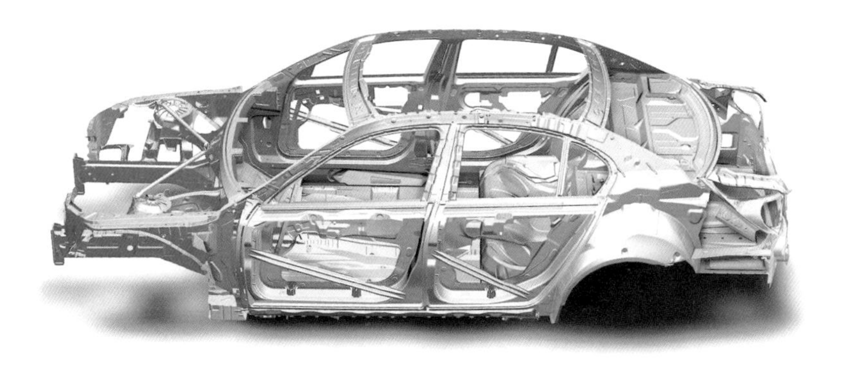

图4-22　汽车钣金件框架结构

第五章　系统构造基础

【本章要点】

1. 动力系统构造
2. 传动系统构造
3. 控制与操作系统构造
4. 外壳构造

5.1　动力系统构造

动力系统是一个产品的心脏，由输入转换成输出的重要组成部分，学习和掌握动力系统对于动力产品构造的设计是必要的。最常用的动力系统为电动机和发电机，随着技术的发展，出现了太阳能、风能和混合动力等多种新能源的动力系统。

5.1.1　电动机

电动机是把电能转换成机械能的一种设备。运行时从电系统吸收电功率，向机械系统输出机械功率。电动机按使用电源不同分为直流电动机（图 5–1）和交流电动机（图 5–2），电力系统中的电动机大部分是交流电机，可以是同步电机或者是异步电机。电动机主要由定子与转子组成，通电导线在磁场中受力运动的方向跟电流方向和磁感线（磁场方向）方向有关。电动机工作原理是磁场对电流受力的作用，使电动机转动。

图5–1　直流电动机

图5–2　交流电动机

按用途分类电动机可分为驱动用电动机和控制用电动机。驱动用电动机又分为电动工具（包括钻孔、抛光、磨光、开槽、切割、扩孔等工具）用电动机、家电（包括洗衣机、电风扇、电冰箱、空调器、录音机、录像机、影碟机、吸尘器、照相机、电吹风、电动剃须刀等）用电动机及其他通用小型机械设备（包括各种小型机床、小型机械、医疗器械、电子仪器等）用电动机。控制用电动机又分为步进电动机和伺服电动机等。

按运转速度分类电动机可分为高速电动机、低速电动机、恒速电动机及调速电动机。

按电力能源的来源又可分为有线和无线（便携）两种。有线电能通过交、直流电源直接将电能输送给电机，通常使用有线电能的机器位置都相对固定或只能移动一定距离，除交通工具外的其他产品多数都采用有线电能。公交电车和电力机车（图 5-3）是特殊的有线电能应用案例。

而无线（便携）电能通常以干电池或蓄电池形式出现，这类产品携带和使用方便，不足之处是需要更换电池或者对电池充电（图 5-4）。蓄电池常见的有：镍铬电池、镍氢电池和锂电池等，其中锂电池的蓄能效果较好，但价格也高一些。数码相机、手机、笔记本电脑等数码产品都采用这种锂电池。随着电池技术的发展和环境保护的要求，交通工具中越来越多采用蓄电池的电能，如电动自行车和电动汽车（图 5-5）等。

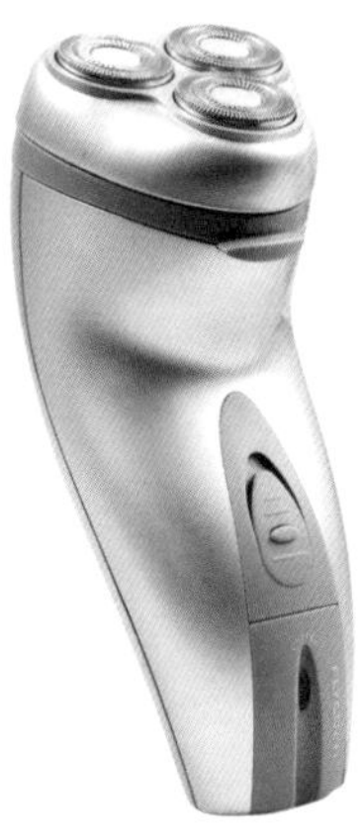

图5-3　电力机车（左）
图5-4　剃须刀（右）

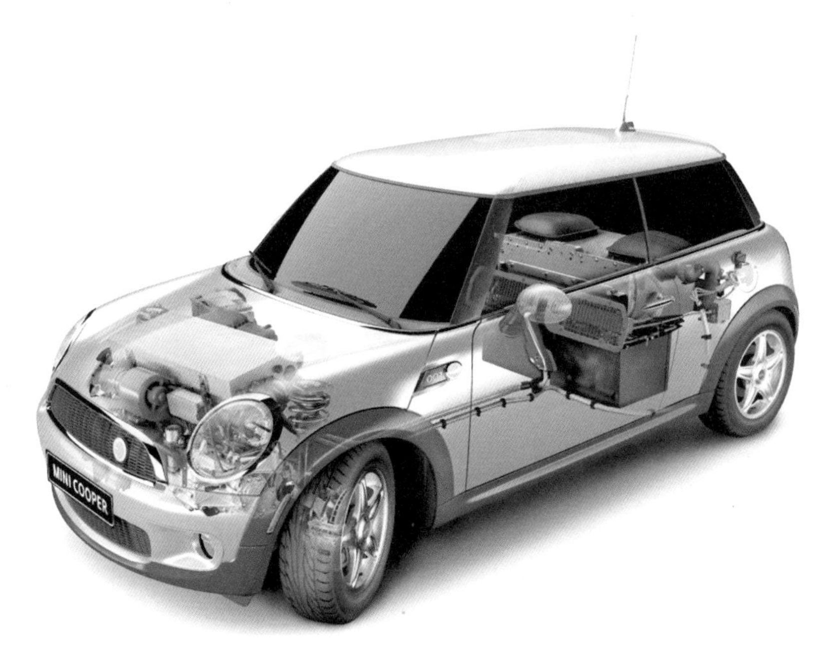

图5-5　mini纯电动汽车

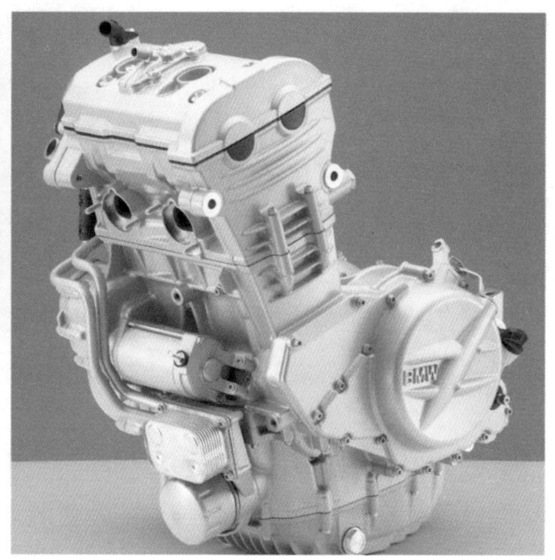

图5-6　汽车V型发动机（左）
图5-7　摩托车发动机（右）

5.1.2　燃油发动机

以燃烧油料获得热能作为动力源的发动机，称为燃油发动机。燃油发动机一般用于野外或者移动范围比较大的机械系统的驱动，在交通工具中较为常见，如汽车发动机（图 5-6）、摩托车发动机（图 5-7）和轮船发动机等。大多燃油发动机使用往复活塞式内燃机。

按燃料的使用不同可分为汽油机和柴油机，按冷却方式可分为水冷式和风冷式，按排列方式可分为单列式、V 型和水平对置。

随着技术的进步,越来越多的汽油发动机汽车开始使用“汽油直喷”技术。顾名思义，汽油直喷就是直接将燃油喷入气缸内，在气缸内与空气进行混合后进行燃烧。直喷技术能使汽油发动机像柴油发动机那样具备较高的燃烧效率，使燃油燃烧更充分，从而达到尽可能节省燃油的目的。

相比其他类型的发动机，燃油发动机具有动力强劲、移动自由的优点，但不足的是有废气，对空气有污染，噪声较大、工作稳定性差和使用成本较高。

5.1.3　燃煤发动机

燃烧煤炭获得热能（蒸汽）作为动力源的发动机称为燃煤发动机。这种发动机一般都用在大型交通工具上，现在看来已经比较原始，像以前的蒸汽机车（图 5-8）、轮船等就是用燃煤发动机的。

图5-8　蒸汽机车

燃煤发动机相对燃油发动机来说工作环境差、携带重量重、空气污染严重和燃煤的使用效率低。现在我国机车淘汰了蒸汽机车，有少部分内燃机车，主要是电力机车。

5.1.4　燃气发动机

燃烧天然气、氢气等获得热能作为动力源的发动机称为燃气发动机。目前常用的燃料是天然气。天然气发动机和燃油的发动机原来差别不大，在驾驶上基本没有太大区别，和燃油发动机相比，燃气发动机污染少，使用成本也相对低，广泛应用在城市的公交车和出租车中，但需要特定充气站补给能源，没有加油站这么普遍。在氢能源的开发领域，近年来新成果层出不穷。宝马、福特和马自达公司都在研制氢发动机。作为正在零排放的新能源交通工具，在不久的将来便会得到青睐。

5.1.5　太阳能发动机

以收集的太阳能作为动力源的发动机称为太阳能发动机。原理是自动跟踪太阳能聚光镜，将太阳光聚焦于发动机头部，加热高压氢气膨胀推动活塞做功，通过曲柄连杆机构带动发电机转化成电能输出。另一种是太阳能电池发电，太阳能电池是一种对光有响应并能将光能转换成电力的器件。能产生光伏效应的材料有许多种，如单晶硅、多晶硅、非晶硅等。光发电过程的实质是：光子能量转换成电能的过程。

太阳能的利用由来已久，像太阳能手表、太阳能计算器等小型的太阳能产品，一般只要有光线就能工作。大型的太阳能产品必须具有一个接收太阳能的蓄能平面或者曲面，因此太阳能汽车（图5-9）、太阳能飞机等的体积通常比较大些，并且会受到天气的自然影响。太阳能被誉为理想的发电能源，具有极大优点，随着材料技术的发展，利用率会进一步提升。

图5-9　麻省理工学院的学生设计的太阳能汽车

5.1.6　人力动力

以人的体能作为动力使物体发生位移的变化，这种动力源是最原始的、环保无污染、低噪声和低成本，可靠性好，但效率低下，无法进行高速、持久和高负荷运行，而且其功率依赖于人力的个体差异。最典型的例子是普通的（人力）自行车（图 5-10）和人力三轮车（图 5-11）。这类交通工具仅能作为代步和休闲使用。

图5-10　自行车（左）
图5-11　人力三轮车（右）

5.1.7　混合动力

日本松下有一款自行车，在平路和下坡路段将多余的能量转换成电能，储备在蓄电池中，在上坡阶段或者劳累时释放出电能带动电机驱动自行车前行。这是一种人力和电力的混合动力。通常我们所指的混合动力是混合动力汽车（图 5-12），它是同时装备两种动力来源——热动力源（由传统的汽油机或者柴油机产生）与电动力源（电池与电

图5-12　混合动力汽车

动机）的汽车。在公路上巡航时使用汽油发动机，而在低速行驶时，可以单靠电机拖动，不用汽油发动机辅助。即使在发动机关闭时，电动转向助力系统仍可保持操纵功能，提供比传统液压系统更大的效率。混合动力汽车的燃油经济性能高，而且行驶性能优越，在起步、加速时，由于有电动马达的辅助，所以可以降低油耗，与同样大小的汽车相比，燃油费用更低。1997 年，第一款量产混合动力车普锐斯推向日本市场。

混合动力技术是一门新的技术，通过不断的研发投入、试验总结、商业应用，形成更完善的技术之路。

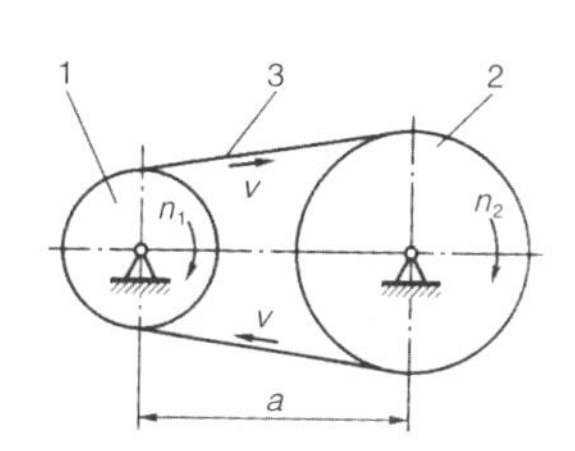

图5-13　带传动

注：1-主动轮；2-从动轮；3-传动带

5.2　产品传动系统的基本种类和用途

产品的运动过程中，除动力的输入外，需要中间的传动系统，以得到多种不同的输出结果。采用不同种类的传动系统，不仅可以改变转速、扭矩的大小，还可以改变运动的方向，达到各种传动的目的。

传动系统有很多种，常用的有：带传动、链传动、齿轮传动、涡轮蜗杆传动、液压传动、气压传动、曲柄连杆机构、凸轮连杆机构传动、棘轮棘爪传动、间歇运动及螺旋机构传动等。

图5-14　平型带

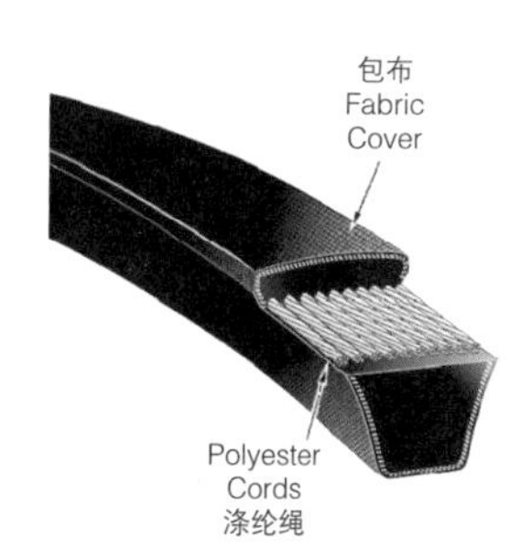

图5-15　包布窄V带

5.2.1　带传动

带传动是用主动轮及用环形的、橡胶与帘子布粘合起来的带状物（俗称“皮带”）来传递动力、实现转速的变化和扭矩变化的传动系统。一般是由主动轮、从动轮、紧套在两轮上的传动带及机架组成（图 5-13）。当原动机驱动主动带轮转动时，由于带与带轮之间摩擦力的作用，带动从动带轮一起转动，从而实现运动的动力传递。

用途：一般作为传动比要求不高的传动系统，生活中常见于传送带，老式缝纫机也用带传动结构。

按原理可分为以下几种。

1. 摩擦带传动：靠传动带与带轮间的摩擦力实现传动。如平带（图 5-14）、V 带（图 5-15）和圆带传动等。

图5-16　平型带传动

平型带传动（图 5-16）工作时带套在平滑的轮面上，借带与轮面间的摩擦进行传动。传动形式有开口传动、交叉传动和半交叉传动等，分别适应主动轴与从动轴不同相对位置和不同旋转方向的需要。平型带传动结构简单，但容易打滑，通常用于传动比为 3 左右的传动。

图5-17　V带在拖拉机中的应用

V 带传动（图 5-17）在一般机械传动中应用最广泛，传动功率最大，

图5-18　同步带传动

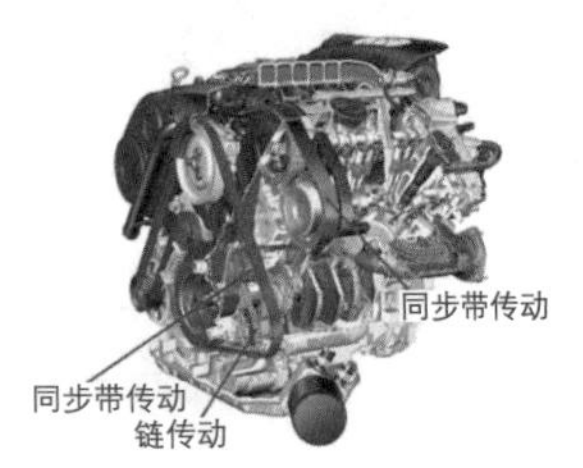

图5-19　汽车发动机的同步带传动

结构简单，价格便宜，由于带与带轮之间是V形槽面摩擦，所以可以产生比平型带更大的有效圆周力（约为3倍）。

2. 啮合带传动：靠带内侧凸齿与带轮外缘上的齿槽相啮合实现传动。如同步带传动（图5-18）综合了带传动、链传动和齿轮传动的优点。由于带的工作面呈齿形，与带轮的齿槽进行啮合传动，并且带的抗拉层承受负载，故带与带轮之间没有相对滑动，从而使主、从动轮间能进行无滑差的同步传动。

同步带传动的速度范围很宽，从每分钟几转到线速度40m/s以上，传动效率可达99.5%，传动比可达10，传动功率从几瓦到数百千瓦。同步带已经在各种仪器、计算机、汽车（图5-19）、工业缝纫机、纺织机和其他通用机械中得到广泛应用。

由于带具有弹性和柔性而使带传动具有以下优点：

1. 吸收振动，缓和冲击，传动平稳，噪声小；

2. 摩擦型带传动结构简单，制造和安装精度不像啮合传动那样严格；

3. 对于摩擦型带传动，过载时打滑，防止其他机件损坏，起到过载保护作用；

4. 中心距可以较大；

5. 无需润滑，维护成本低。

其缺点是：

1. 摩擦型带与带轮之间存在一定的弹性滑动，故不能保证恒定的传动比，传动精度和传动效率较低；

2. 由于摩擦型带工作时需要张紧，带对带轮轴有很大的压轴力；

3. 带传动装置外廓尺寸大，结构不够紧凑；

4. 带的寿命较短，需经常更换。

为了防止打滑，带传动经常要设置张紧的装置，常见的张紧装置有定期张紧装置（图5-20）和自动张紧加张紧轮装置（图5-21）。

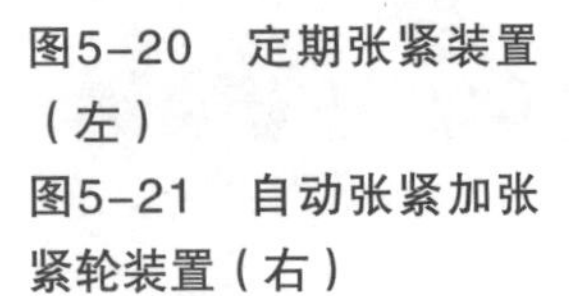

图5-20　定期张紧装置（左）
图5-21　自动张紧加张紧轮装置（右）

5.2.2 链传动

链传动（图 5-22）是通过链条将具有特殊齿形的主动链轮的运动和动力传递到具有特殊齿形的从动链轮的一种传动方式。我国古代链传动的最早应用就是在翻车（图 5-23）上，是农业灌溉机械的一项重大改进。

工作原理：两轮（至少）间以链条为中间挠性元件的啮合来传递动力和运动。

应用于两轴相距较远，要求工作可靠，及工作恶劣处等，如农业机械、建筑机械、石油机械、采矿、起重、金属切割机床、自行车（图 5-24）、摩托车和传输带（图 5-25）等。

按照结构来分，可分为滚子链和齿形链。

滚子链（图 5-26）有单排链、双排链、多排链的不同类型。多排链的承载能力与排数成正比，但由于精度的影响，各排的载荷不易均匀，故排数不宜过多。链条的接头处可用开口销或弹簧卡片来固定，链节数应取偶数，这样可避免使用过渡链节，因为过渡链节会使链的承载能力下降。

齿形链（图 5-27）又称无声链，它由一组链齿板铰接而成，工

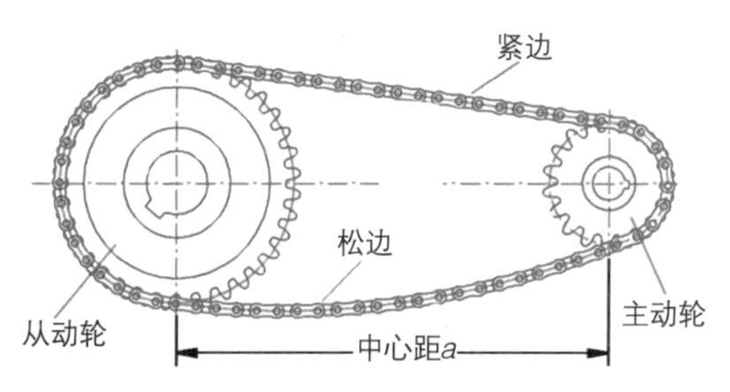

图5-22　链传动（左）
图5-23　龙骨水车（右）

图5-24　自行车中应用（左）
图5-25　输送链应用（右）

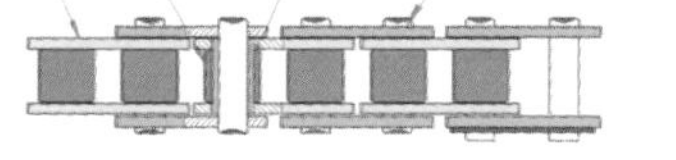

图5-26　滚子链结构（左）
图5-27　齿形链（右）

图5-28　传动链（左）
图5-29　起重链（右）

作时链齿板与链轮轮齿相啮合而传递运动，齿形链上设有导板，以防止链条工作时侧向窜动，导板有内导板和外导板之分。与滚子链相比，齿形链传动平稳、无噪声，承受冲击性能好，工作可靠，多用于高速或运动精度要求较高的传动装置中。

按照用途来分可分为，传动链（图 5-28）、输送链和起重链（图 5-29）。

优点：精度介于带传动和齿轮传动之间，可靠性较好，不会打滑，可以传递较大扭矩的动力。是一种比较经济实用的传动系统。与带传动相比，无弹性滑动和打滑现象，平均传动比准确，效率高；传递功率大，过载能力强，相同工况下的传动尺寸小；所需张紧力小，作用于轴上的压力小；能在高温、潮湿、多尘、有污染等恶劣环境中工作。

缺点：仅能用于两平行轴间的传动；链条随着磨损的加大，间隙也会加大，会出现咬链或脱链的现象，高速时传动噪声也比较大，传动平稳性较差，运转时会产生附加动载荷、振动、冲击和噪声，不宜用在急速反向的传动中。

5.2.3　齿轮传动

通过齿轮与齿轮的啮合来传递动力的传动方式称为齿轮传动。

齿轮传动依靠主动齿轮与从动齿轮的啮合，传递运动和动力。与其他传动相比，具有以下特点。

优点：

1. 适应性广。

2. 传动比恒定。传动的精度、强度都很高，结构非常紧凑，所占空间很小。

3. 效率较高，齿轮机构传动效率一般在 95%以上。

4. 工作可靠，工作平稳性好，寿命较长。

5. 可以传递空间任意两轴间的运动。

缺点：

1. 制造和安装精度要求高，成本高。

2. 低精度齿轮传动时噪声和振动较大。

3. 不适于距离较大的两轴间的运动传递等。

齿轮应用：空调、鸿运扇的摆叶机构、机械打字机的换行机构、电扇的摇头机构、机械钟表的机芯（图 5-30）、汽车变速箱（图 5-31）、电动玩具传动等。

图5-30　手表机芯

齿轮分类（图 5-32）：按齿廓曲线可分为渐开线齿轮、摆线齿轮、圆弧齿轮等；按外形可分为圆柱齿轮、锥齿轮、非圆齿轮、齿条、蜗杆—蜗轮等；按轮齿所在的表面可分为外齿轮和内齿轮；按齿线形状可分为直齿轮、斜齿轮、人字齿轮、曲线齿轮等；按制造方法可分为铸造齿轮、切制齿轮、轧制齿轮、烧结齿轮等。

图5-31　汽车变速箱

直齿轮

平面斜齿轮

人字齿轮

空间斜齿轮

圆锥斜齿轮

蜗杆—蜗轮

图5-32　齿轮分类

5.2.3.1　直齿轮

直齿轮是齿线为分度圆柱面直母线的圆柱齿轮，它的齿筋平行于轴心之直线，也叫正齿轮。直齿圆柱齿轮传动的特点是大小齿轮的轴线互相平行，外啮合时两齿轮转动的方向相反。直齿轮能进行精确的多级传动，实现多级变速，特点是工艺性好，精度容易保证，应用最广。

5.2.3.2　斜齿轮

斜齿轮是在直齿轮的基础上研发出来的，直齿轮在啮合中，轮齿的啮合实际上是间歇的，由于渐开线轮齿在制造中的制造误差、安装误差等因素，将会凸显间歇传动的特性。之所以用渐开线作为齿廓，是希望传递平稳、传动比恒定，缘于制造误差，轮齿的突然啮入与突然啮出，将导致机构形成瞬间冲击、瞬时传动比变化。于是，斜齿轮应运而生，斜齿轮的啮合原理将不是具有冲击性的突然啮入和突然啮出，在啮入啮出的循环中，每一对轮齿的啮入啮出将是渐次的，没有直齿轮的啮合冲击现象，运行比较平稳，容易保证传动比恒定。直齿轮的轮齿受力面是沿齿轮轴向分布于全齿宽的，而斜齿轮的受力面在齿轮轴向的分布却不能布满全齿宽。按这个道理，在相同模数、相同齿数、相同材料的前提下，斜齿轮的受力将小于直齿轮，但是，由于斜齿轮的轮齿螺旋角又将增强齿轮的法向受力能力。这样看来，斜齿轮与直齿轮在载荷上基本加以忽略。因此，大型齿轮、受冲击的齿轮、对传动比没什么要求的机构，将用直齿轮；反之，则用斜齿轮。直齿轮制造简单；斜齿轮制造和安装比较麻烦，但运行平稳。

特点：齿型通常是柱面斜齿，轴心线互相平行（较为多见），一般用来传递两平行轴的动力。

优点：运转平稳性比直齿轮传动更好，且可以传递较大扭矩动力。

缺点：在运动时会产生轴向推力，对传动不利。

5.2.3.3　圆锥齿轮传动

锥齿轮是指齿顶形成的外圆形状是圆锥形，准确地说是圆台形的齿轮。由一对锥齿轮组成的相交轴间的齿轮传动，又称伞齿轮传动。

螺旋锥齿轮是一种可以按稳定传动比平稳、低噪声传动的传动零件，在不同的地区有不同的名字，又叫弧齿伞齿轮、弧齿锥齿轮、螺伞锥齿轮、圆弧锥齿轮、螺旋伞齿轮等。螺旋锥齿轮传动效率高，传动比稳定，圆弧重叠系数大，承载能力高，传动平稳平顺，工作可靠，结构紧凑，节能省料，节省空间，耐磨损，寿命长，噪声小。

在各种机械传动中，以螺旋锥齿轮的传动效率为最高，对各类传动尤其是大功率传动具有很大的经济效益；传递同等扭矩时需要的传动件传动副最省空间，比皮带、链传动所需的空间尺寸小；螺旋锥齿轮传动比永久稳定，传动比稳定往往是各类机械设备的传动中对传动性能的基本要求；螺旋锥齿轮工作可靠，寿命长。

锥齿轮在重工业领域应用广泛。广泛来说：锥齿轮广泛用于传递相交轴间的运动和动力。具体来说：大、中模数锥齿轮用于变速器、自卸车增力器、大型钻井平台；模数小于 2.5mm 的锥齿轮主要用于电动工具、风动工具、工业缝纫机、精密仪表、汽车转向盘和自行车（图 5-33）。

推土机、挖掘机、装载机等工程机械类的变速箱都有各种制式的锥齿轮。其中汽车差速器是用得最普遍的。

5.2.3.4　齿轮齿条传动

通过一组齿轮和齿条的啮合运动完成将圆周运动变为直线运动的传动称为齿轮齿条传动（图 5-34）。齿条也分直齿齿条和斜齿齿条，分别与直齿圆柱齿轮和斜齿圆柱齿轮配对使用。

齿轮齿条在传动过程中会有自己所独有的运动特点：齿轮传动用来传递任意两轴间的运动和动力，其圆周速度可达到 300m/s，传递功率可达 105kW，齿轮直径可从不到 1mm 到 150m 以上，是现代机械中应用最广的一种机械传动，如门锁中的应用（图 5-35）。

齿轮齿条传动与带传动相比主要有以下优点：

1. 具有传递动力大、效齿轮传动的特点；

2. 寿命长，工作平稳，可靠性高；

3. 能保证恒定的传动比，能传递任意夹角两轴间的运动。

齿轮传动与带传动相比主要缺点有：

1. 制造、安装精度要求较高，因而成本也较高；

2. 不宜作远距离传动。

5.2.3.5　涡轮蜗杆传动

蜗轮和蜗杆是用来传递运动和动力的传动机构，在工业生产领域中有很普遍的应用。常用于交错轴 $\Sigma = 90°$ 的两轴之间传递运动和动力。一般蜗杆为主动件，作减速运动。蜗杆运动具有传动比大而结构紧凑等优点，所以在各类机械，如机床、冶金、矿山、起重运输机械

图5-33　锥齿轮在无链自行车中的应用（左）
图5-34　齿轮齿条传动（中）
图5-35　齿轮齿条传动在门锁中的应用（右）

图5-36 涡轮蜗杆传动在减速器中的应用

和减速器（图5-36）中得到广泛使用。

蜗轮蜗杆传动的优点：

1. 蜗轮蜗杆传动的两轮啮合齿面间为线接触，比交错轴斜齿轮机构更紧凑，传动比和承载能力也更高；

2. 蜗轮蜗杆传动是一种螺旋式传动，传动中主要形式为齿啮合传动，因此传动更平稳、振动小、噪声低，适合需要稳固状态的机械使用；

3. 蜗轮蜗杆传动机构与其他传动机构相比，突出的优点在于其自锁功能，蜗轮蜗杆传动机构的蜗杆导程角小于啮合轮齿间当量摩擦角时，蜗轮蜗杆传动机构就会反向自锁，这时只能是蜗杆带动蜗轮，而蜗轮无法带动蜗杆，即可实现对机械的安全保护。

蜗轮蜗杆传动的缺点：

1. 蜗轮蜗杆传动的缺点在于其传动效率较低，传动中发生的磨损严重，这是因为蜗轮蜗杆传动是啮合齿轮传动，啮合齿轮间有较大的相对滑动速度，会导致齿面的磨损、发热和能量消耗；

2. 为了减少齿面磨损，蜗轮蜗杆机构经常使用昂贵材料和良好的润滑装置，增加了成本；

3. 零件不便于互换，加工较难。

5.2.4 液压传动

液压传动是用液体作为工作介质来传递能量和进行控制的传动方式。

液压系统主要由动力元件（油泵）、执行元件（油缸或液压马达）、控制元件（各种阀）、辅助元件和工作介质等五部分组成。

液压传动的优点：

1. 体积小、重量轻；

2. 液压泵和液压马达之间用油管连接，在空间布置上彼此不受严格限制；

3. 由于采用油液为工作介质，元件相对运动表面间能自行润滑，磨损小，使用寿命长；

4. 操纵控制简便，自动化程度高。

液压传动的缺点：

1. 使用液压传动对维护的要求高，工作油要始终保持清洁；

2. 对液压元件制造精度要求高，工艺复杂，成本较高；

3. 液压元件维修较复杂，且需有较高的技术水平；

4. 液压传动对油温变化较敏感，这会影响它的工作稳定性，因此液压传动不宜在很高或很低的温度下工作。

图5-37　液压千斤顶（左）
图5-38　挖掘机（右）

应用实例有如下几类。工程机械：挖掘机、装载机、推土机、压路机、铲运机等；起重运输机械：汽车吊、港口龙门吊、叉车、装卸机械、皮带运输机等；矿山机械：凿岩机、开掘机、开采机、破碎机、提升机、液压支架等；建筑机械：打桩机、液压千斤顶（图 5-37）、挖掘机（图 5-38）等；汽车工业：自卸式汽车、平板车、高空作业车及汽车中的转向器、减振器等。

5.2.5　气压传动

以压缩空气为动力源来驱动和控制各种机械设备以实现生产过程机械化和自动化的一种运动称为气压传动。气压传动系统由气源装置气源装置、控制元件、执行元件和辅助元件组成。

气源装置：它将原动机输出的机械能转变为空气的压力能。其主要设备是空气压缩机。

控制元件：用来控制压缩空气的压力、流量和流动方向，以保证执行元件具有一定的输出力和速度，并按设计的程序正常工作。如压力阀、流量阀、方向阀和逻辑阀等。

执行元件：将空气的压力能转变成为机械能的能量转换装置。如气缸和气马达。

辅助元件：用于辅助保证空气系统正常工作的一些装置。如过滤器、干燥器、空气过滤器、消声器和油雾器等。

气压传动的优点：

1. 以空气为工作介质，来源方便；结构简单、轻便、安装维护简单；
2. 启动动作迅速、反应快、维修简单、管路不易堵塞；
3. 空气具有可压缩性，气动系统能够实现过载自动保护；
4. 工作环境适应性好，可应用于易燃易爆场所；
5. 用后排气处理简单，不污染环境。

图5-39　气钉枪（左）
图5-40　充电式气钉枪（右）

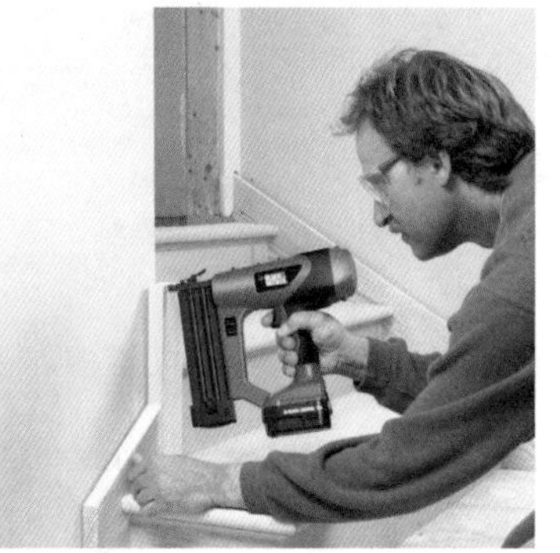

气压传动的缺点：

1. 工作压力较低，因而气动系统输出力较小；
2. 空气有可压缩性，所以气缸的动作速度易受负载影响；
3. 工作介质空气本身没有润滑性，需另加装置进行给油润滑；
4. 气动系统有较大的排气噪声。

应用领域：气动工具（图 5-39、图 5-40）；包装自动化的实现；电子、半导体制造行业；生产自动化的实现。

5.2.6　平面四连杆机构

平面四杆机构是由四个刚性构件用低副链接组成的，各个运动构件均在同一平面内运动的机构（图 5-41）。平面连杆机构能实现多种形式的转换，构件之间连接处是面接触，单位面积上的压力较低，制造容易，在生产中应用很广泛。

连架杆相对于机架能作整周转动的称为曲柄，不能作整周转动的称为摇杆。

根据两连架杆的运动规律，铰链四杆机构分为三种基本形式：曲柄摇杆机构、双摇杆机构和双曲柄机构。

5.2.6.1　曲柄摇杆机构

曲柄摇杆机构是指两连架杆中一个为曲柄，一个为摇杆的铰链四杆机构（图 5-42）。

设曲柄为原动件，在其转动一周的过程中，有两次与连杆共线，这时摇杆分别位于两极限位置，曲柄摇杆机构所处的这两个位置，称

图5-41　平面四杆机构（左）
图5-42　曲柄摇杆机构（右）

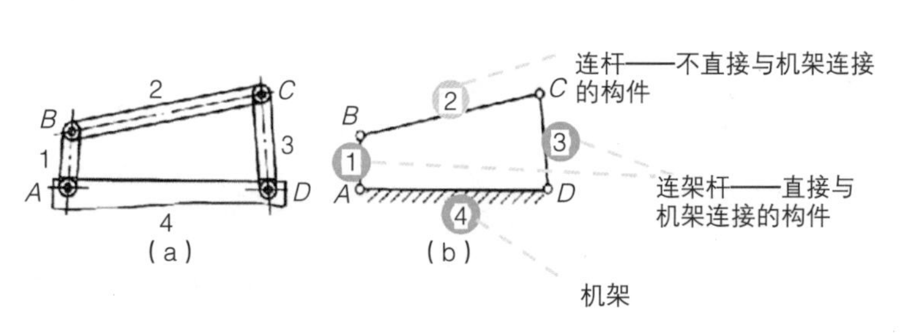

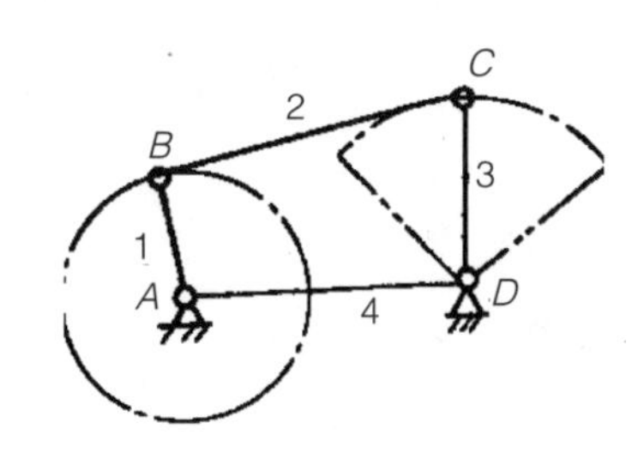

为极位。曲柄与连杆两次共线位置之间所夹的锐角称为极位夹角。应用于汽车雨刮器（图 5-43）、搅拌机（图 5-44）等。

5.2.6.2　双摇杆机构

双摇杆机构是指两连架杆均为摇杆的铰链四杆机构（图 5-45）。

双摇杆机构的应用：在工业生产中应用很广泛，如起重器、飞机起落架（图 5-46）和自卸货车（图 5-47）等。

工作原理：以两个摇杆为主动件，带动整个装置的运动。

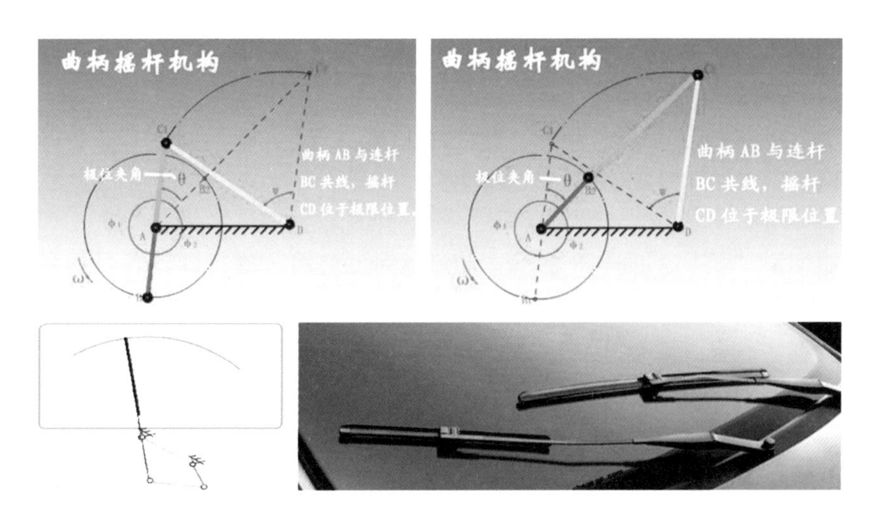

图5-43　曲柄摇杆机构汽车前窗刮雨器

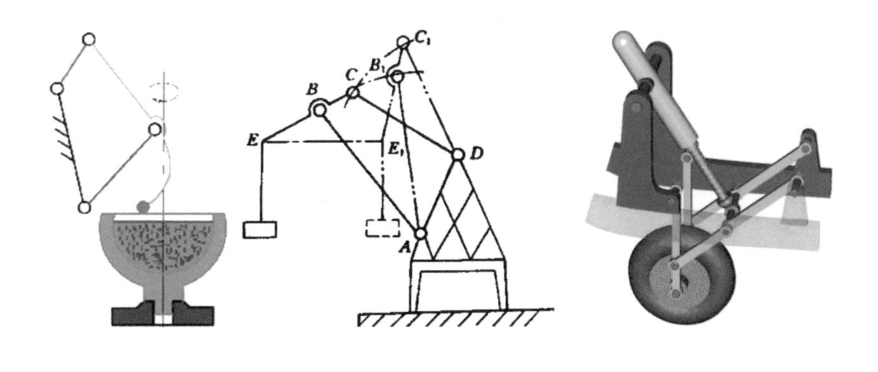

图5-44　曲柄摇杆机构搅拌机示意图（左）

图5-45　双摇杆机构（中）

图5-46　飞机起落架工作示意图（右）

图5-47　自卸货车工作示意图

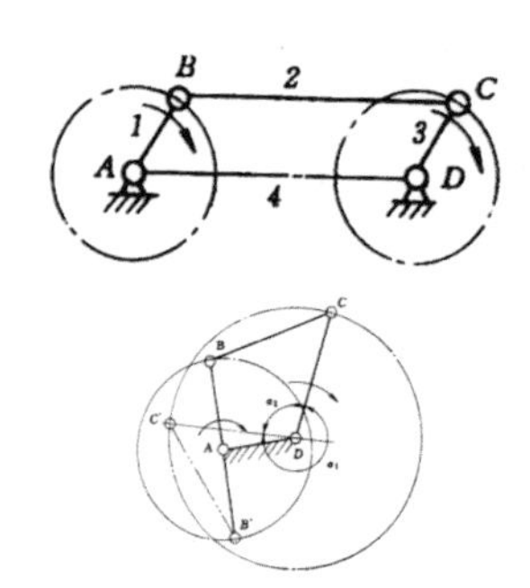

图5-48　双曲柄机构工作示意图

5.2.6.3　双曲柄机构

双曲柄机构是指具有两个曲柄的铰链四杆机构（图 5-48）。

1. 平行双曲柄机构

当两曲柄的长度相等且平行时，称为平行双曲柄机构。

特点：平行双曲柄机构的两曲柄的旋转方向相同，角速度也相等。

应用于火车车轮连动（图 5-49、图 5-50）和天平（图 5-51）等中。

2. 反向双曲柄机构

当双曲柄机构对边杆长度都相等，但互不平行，则称为反向双曲柄机构（图 5-52）。

图5-49　火车车轮连动装置

5.2.6.4　曲柄滑块机构

铰链四杆机构可以通过将转动副演化成移动副，以这种方式构成的平面四杆机构主要有曲柄滑块机构。

用曲柄和滑块来实现转动和移动相互转换的平面连杆机构，称曲柄滑块机构。由一个曲柄主动旋转带动连杆一端，使连杆另一端的滑块在直线导轨作平行移动，这样就把圆周旋转运动巧妙地转变为直线往复运动。反过来，也可以通过驱动滑块将直线运动转变为圆周运动。

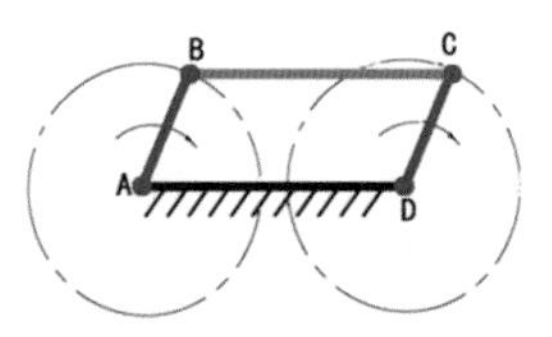

图5-50　火车车轮连动装置工作示意图

曲柄滑块机构广泛应用于往复活塞式发动机、压缩机、冲床等的主机构中。

1. 以滑块为主动件，把往复移动转换为不整周或整周的回转运动——往复式发动机（图 5-53）。

2. 以曲柄为主动件，把整周转动转换为往复移动——压缩机、冲床（图 5-54）。

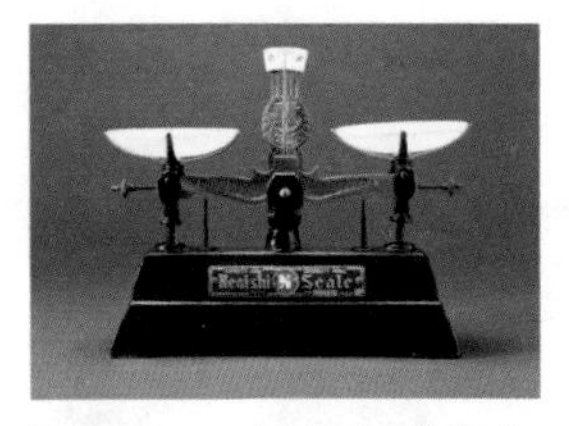

图5-51　平行双曲柄机构在天平中的应用

3. 偏置曲柄滑块机构的滑块具有急回特性——锯床就是利用这一特性来达到锯条的慢进和空程急回的目的（图 5-55）。

常见的双滑块机构（椭圆规）（图 5-56）由有十字形滑槽的底板和旋杆组成（图 5-57）。

在十字形滑槽上各装有一个活动滑表标。滑标下面有一根旋杆，此旋杆与纵横两个滑标连成一体。移动滑标，其下面的旋杆能作 360° 的旋动，画出符合椭圆方程的椭圆。

图5-52　反向双曲柄机构工作示意图（左）

注：公共汽车车门启闭机构。当主动曲柄AB转动时，通过连杆BC使从动曲柄CD朝相反方向转动，从而保证两扇车门同时开启和关闭

图5-53　往复式发动机（右）

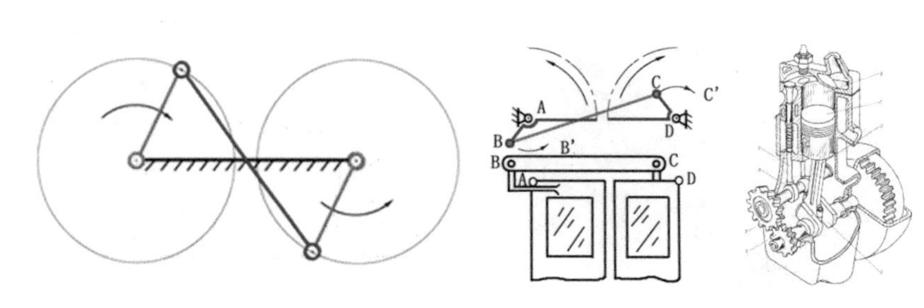

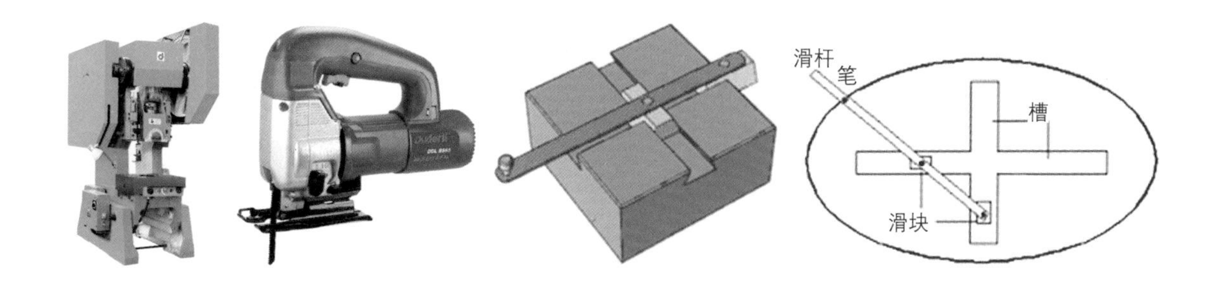

图5-54　冲床
图5-55　电锯
图5-56　双滑块机构
图5-57　椭圆规
（从左至右）

5.2.7　间歇运动机构

间歇运动传动可以将输入的连续运动转变成间歇运动输出。最常用的有棘轮棘爪传动、槽轮机构传动和不完全齿轮传动。

5.2.7.1　棘轮棘爪传动

棘轮棘爪机构：含有棘轮和棘爪的主动件作往复运动，从动件作步进运动的机构。棘轮机构由棘轮和棘爪组成的一种单向间歇运动机构。它将连续转动或往复运动转换成单向步进运动。棘轮轮齿通常用单向齿、棘爪铰接于摇杆上，当摇杆逆时针方向摆动时，驱动棘爪便插入棘轮齿以推动棘轮同向转动；当摇杆顺时针方向摆动时，棘爪在棘轮上滑过，棘轮停止转动。为了确保棘轮不反转，常在固定构件上加装止逆棘爪。摇杆的往复摆动可由曲柄摇杆机构、齿轮机构和摆动油缸等实现。

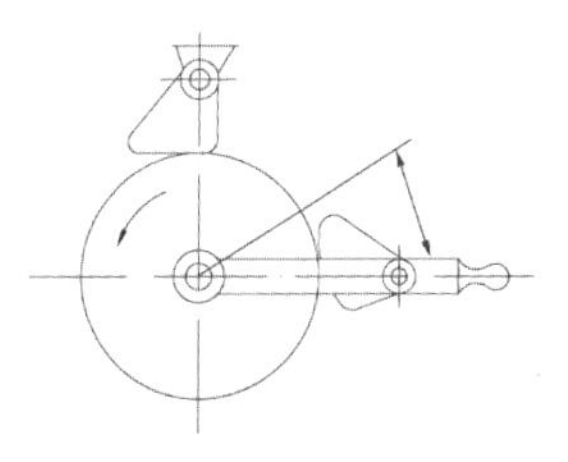

图5-58　摩擦式棘轮机构

按结构形式分为：齿式棘轮机构和摩擦式棘轮机构；按啮合方式分为：外啮合棘轮机构和内啮合棘轮机构；按从动件运动形式分为：单动式棘轮机构、双动式棘轮机构和双向式棘轮机构。

摩擦式棘轮机构（图 5-58）：是用偏心扇形楔块代替齿式棘轮机构中的棘爪，以无齿摩擦代替棘轮。特点是：传动平稳、无噪声；动程可无级调节。但因靠摩擦力传动，会出现打滑现象，虽然可起到安全保护作用，但是传动精度不高。适用于低速轻载的场合。

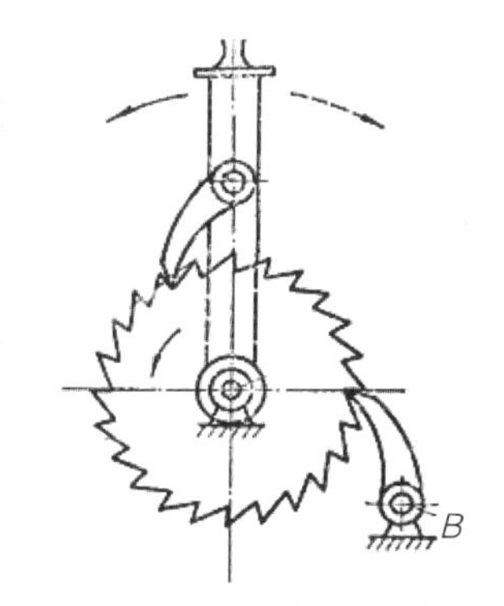

图5-59　齿式棘轮机构

齿式棘轮机构（图 5-59）：结构简单，制造方便；动与停的时间比可通过选择合适的驱动机构实现。该机构的缺点是：动程只能作有级调节；噪声、冲击和磨损较大，故不宜用于高速中。

棘轮机构的主要用途有：间歇送进、制动和超越等。

自行车后轴的飞轮和汽车安全带的卷收器都是棘轮机构应用的典型案例。

5.2.7.2　槽轮机构传动

由槽轮和圆柱销组成的单向间歇运动机构，又称马耳他机构（图 5-60）。它常被用来将主动件的连续转动转换成从动件的带有停歇的单向周期性转动。槽轮机构有外啮合和内啮合以及球面槽轮等。外啮合

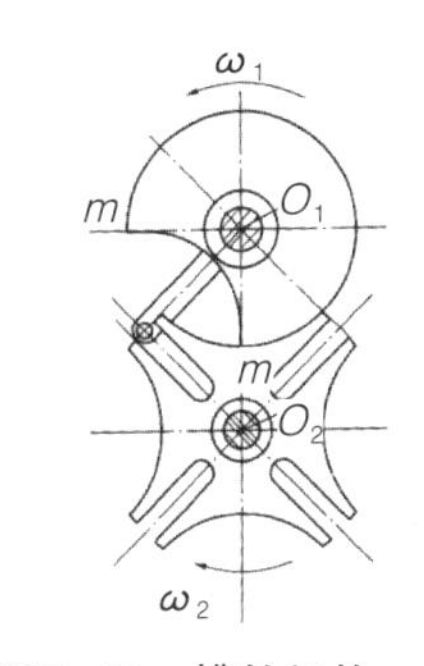

图5-60　槽轮机构

图5-61　槽轮机构在电影放映机中的应用（左）
图5-62　不完全齿轮机构（右）

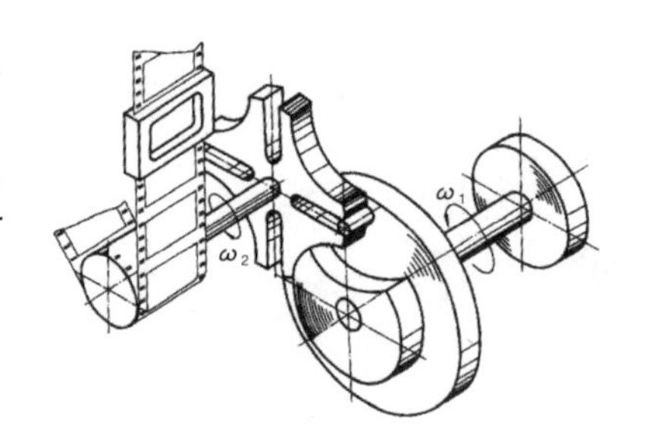

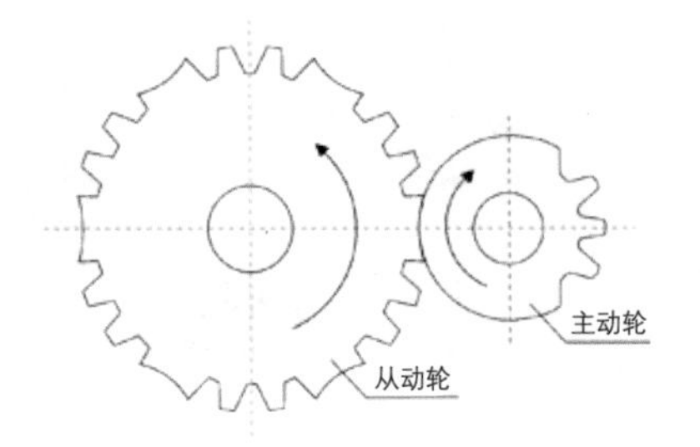

槽轮机构的槽轮和转臂转向相反，而内啮合则相同，球面槽轮可在两相交轴之间进行间歇传动。如在电影放映机中的应用（图 5-61）。

槽轮机构结构简单，易加工，工作可靠，转角准确，机械效率高。但是其动程不可调节，转角不能太小，槽轮在起、停时的加速度大，有冲击，并随着转速的增加或槽轮槽数的减少而加剧，故不宜用于高速。

5.2.7.3　不完全齿轮传动

不完全齿轮机构（图 5-62）是由一个或一部分齿的主动轮与按动停时间要求而作出从动轮相啮合，使从动轮作间歇回转运动的。

工作特点：不完全齿轮机构的结构简单，制造容易，工作可靠，设计时从动轮的运动时间和静止时间的比例可在较大范围内变化。为了改善刚性冲击的缺点，可在主从动轮上加一对瞬心线附加杆。

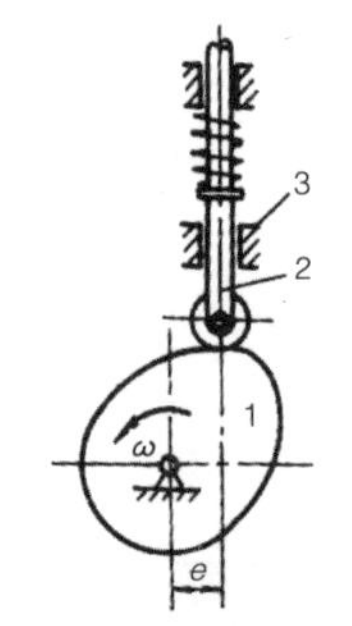

图5-63　凸轮机构
注：1-凸轮；2-从动件；3-机架

5.2.8　凸轮机构

凸轮机构（图 5-63）由凸轮、从动件及机架三个基本构件及锁合装置组成。其中凸轮是一个具有曲线轮廓或凹槽的构件，通常作连续等速转动，从动件则在凸轮轮廓的控制下按预定的运动规律作往复移动或摆动。

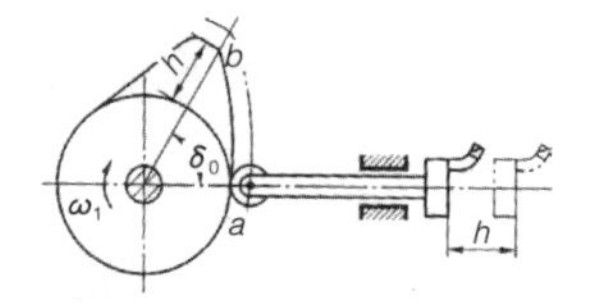

图5-64　凸轮往复直线运动

特点：利用凸轮的曲线轮廓传递动力，将不等径的匀速圆周运动转化为往复直线运动（图 5-64）或摆动。生活中最常见的就是汽车引擎箱里的曲轴——汽缸的传动运动（图 5-65）。

优点：只要正确地设计和制造出凸轮的轮廓曲线，就能把凸轮的回转运动准确可靠地转变为从动件所预期的复杂运动规律的运动，而且设计简单；凸轮机构结构简单、紧凑、运动可靠。缺点：凸轮与从动件之间为点或线接触，故难以保持良好的润滑，容易磨损。

凸轮机构通常适用于传力不大的机械中。尤其广泛应用于自动机械、仪表和自动控制系统中。凸轮机构也可以设计成间歇运动机构。

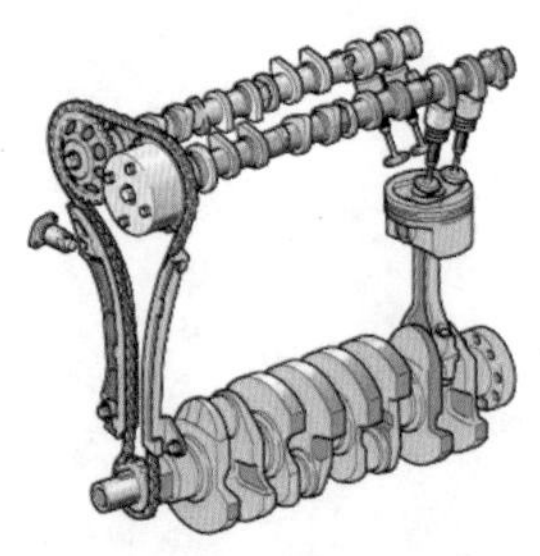

图5-65　凸轮在发动机中的应用

5.2.9　螺旋机构传动

螺旋运动是构件的一种空间运动，它由具有一定制约关系的转动及沿转动轴线方向的移动两部分组成。组成运动副的两构件只能沿轴线作相对螺旋运动的运动副称为螺旋副。螺旋副是面接触的低副。

螺旋传动是利用螺旋副来传递运动和（或）动力的一种机械传动，可以方便地把主动件的回转运动转变为从动件的直线运动。

与其他将回转运动转变为直线运动的传动装置（如曲柄滑块机构）相比，螺旋传动具有结构简单，工作连续、平稳，承载能力大，传动精度高等优点，因此广泛应用于各种机械和仪器中。它的缺点是摩擦损失大，传动效率较低，但滚动螺旋传动的应用，已使螺旋传动摩擦大、易磨损和效率低的缺点得到了很大程度的改善。

螺母固定不动，螺杆回转并作直线运动。图 5-66 所示为螺杆回转并作直线运动的台虎钳。与活动钳口 2 组成转动副的螺杆 1 以右旋单线螺纹与螺母 4 啮合组成螺旋副。螺母 4 与固定钳口 3 连接。当螺杆按图示方向相对螺母 4 作回转运动时，螺杆连同活动钳口向右作直线运动（简称右移），与固定钳口实现对工件的夹紧；当螺杆反向回转时，活动钳口随螺杆左移，松开工件。通过螺旋传动，完成夹紧与松开工件的要求。

螺杆固定不动，螺母回转并作直线运动。图 5-67 所示为螺旋千斤顶中的一种结构形式，螺杆 4 连接于底座固定不动，转动手柄 3 使螺母 2 回转并作上升或下降的直线运动，从而举起或放下托盘 1。

在普通的螺旋传动中，由于螺杆与螺母的牙侧表面之间的相对运动摩擦是滑动摩擦，因此，传动阻力大，摩擦损失严重，效率低。为了改善螺旋传动的功能，经常用滚珠螺旋传动（图 5-68）新技术，用滚动摩擦来替代滑动摩擦。

滚珠螺旋传动主要由滚珠循环装置 1、滚珠 2、螺杆 3 及螺母 4 组成。其工作原理是：在螺杆和螺母的螺纹滚道中，装有一定数量的滚珠（钢球），当螺杆与螺母作相对螺旋运动时，滚珠在螺纹滚道内滚动，并通过滚珠循环装置的通道构成封闭循环，从而实现螺杆与螺母间的滚动摩擦。

滚珠螺旋传动具有滚动摩擦阻力很小、摩擦损失小、传动效率高、传动时运动稳定、动作灵敏等优点。但其结构复杂，外形尺寸较大，制造技术要求高，因此成本也较高。目前主要应用于精密传动的数控机

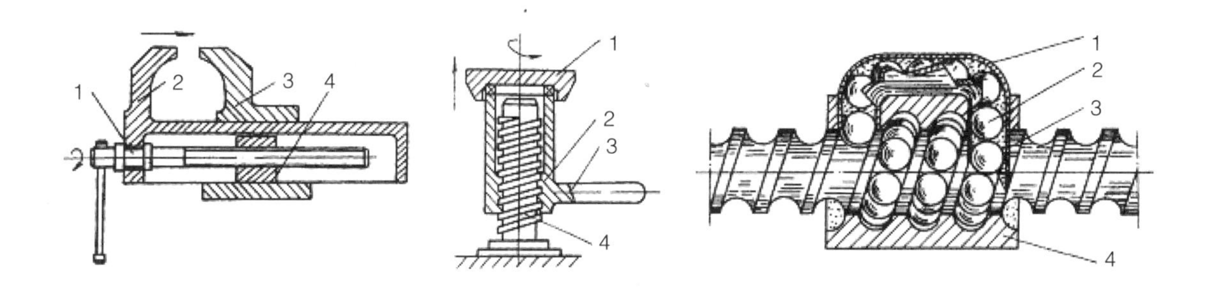

图5-66　台虎钳（左）

注：1-螺杆；2-活动钳口；3-固定钳口；4-螺母

图5-67　螺旋千斤顶(中)

注：1-托盘；2-螺母；3-转动手柄；4-螺杆

图5-68　滚珠螺旋传动（右）

注：1-滚珠循环装置；2-滚珠；3-螺杆；4-螺母

图5-69　空间连杆机构

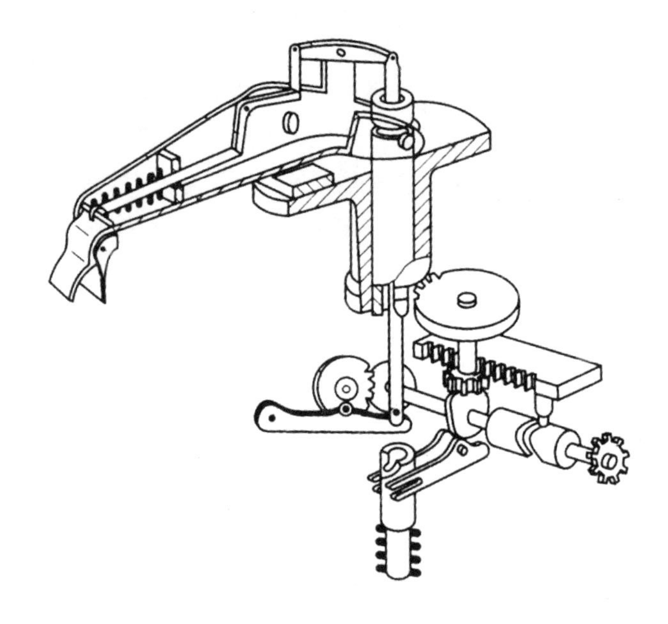

床（滚珠丝杠传动），以及自动控制装置、升降机构和精密测量仪器等中。

5.2.10　空间连杆机构传动

空间连杆机构（图 5-69）一般都是由一组传动机构组成的复合机构，能完成从一个输入到多个输出的任务。机器人机构由齿轮、齿条、凸轮、平面四连杆、不完全齿轮等传动机构组成。

5.3　控制与操作系统构造

控制系统就像人体的神经系统，是对机械的功能、动作进行控制和操作的系统。产品的操作系统一般以工作台或工作头为主的加工操作区，是产品完成专业功能的核心区域。

5.3.1　控制系统

控制系统包括机械控制、电子控制和电脑控制等多种。体现在造型设计上就是开关钮、旋钮、操纵杆和把手等。控制系统内部功能和构造的改变将直接影响外表开关、旋钮等的形状改变，进而影响到操作形式的改变。电视机控制形式的演变就是最好的例子，从旋钮开关一轻触开关一遥控开关，电视机的造型也随之变得越来越简洁。

通常情况下，产品工作的行程长短、运转角度大小及运转速度快慢等控制，是由机械定位、电气开关控制的组合来完成的。这种控制系统技术成熟，制造成本较低，适用于普通产品，如电动缝纫机、电动剃须刀、电吹风、电动自行车、吸油烟机等。

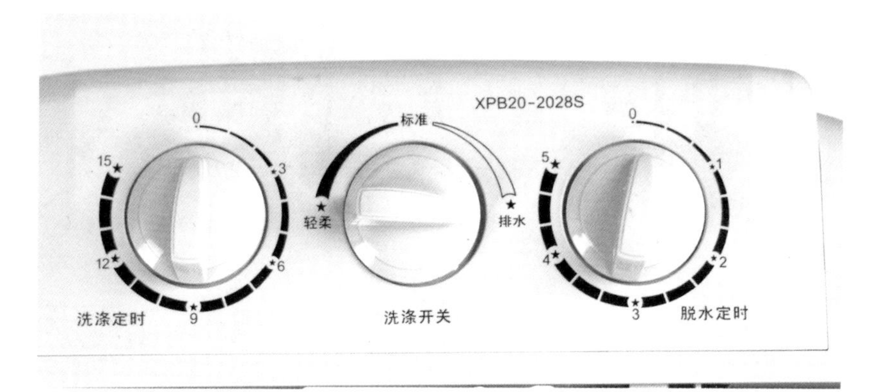

图5-70　机械控制洗衣机面板

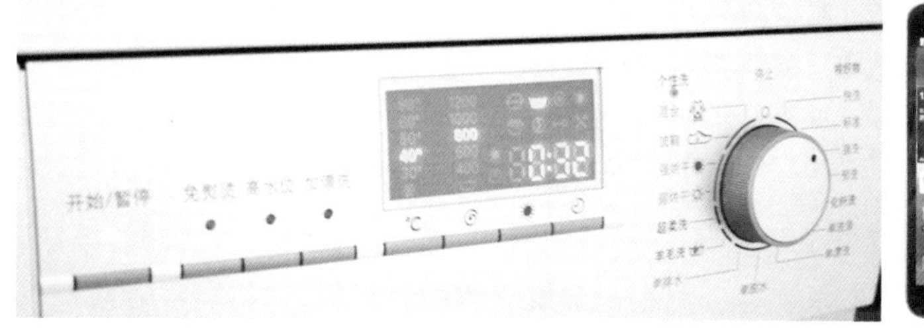

图5-71　电子控制洗衣机面板（左）
图5-72　安卓嵌入式系统的三星手机（右）

控制系统的操纵一般是通过开关、操纵杆等来完成指令的。开关随着时间的进程，从最早的旋钮开关（图 5-70）→琴键开关→薄膜开关→微动开关（图 5-71）→遥控开关→触摸开关→网络开关，经历了一个漫长的发展过程。

高端的数字产品，其控制系统是电脑通过数字空间定位实现运动控制的。这种控制系统的控制精度和技术含量很高，所以成本较高，附加值也较高。电脑的控制系统主要是嵌入式系统。嵌入式系统是以应用为中心、计算机技术为基础、软件硬件可裁剪、适应应用系统对功能、可靠性、成本、体积、功耗严格要求的专用计算机系统。特点是面向特定应用；嵌入式系统是将先进的计算机技术、半导体技术和电子技术等和各个行业的具体应用相结合后的产物；嵌入式系统的硬件和软件都必须高效率地设计，量体裁衣、去除冗余，力争在同样的硅片面积上实现更高的性能，这样才能在具体应用对处理器的选择面前更具有竞争力。我们平时使用的手机（图 5-72）、照相机、MP3、平板电脑、智能 IC 卡等都是嵌入式系统的应用。

5.3.2　产品的操作系统

操作系统按照功能的不同，出现的形式也有很大不同。洗衣机的操作系统是由进水、排水、洗涤剂投入口以及洗衣缸体组成；吸尘器的操作系统主要是由吸头、吸管、垃圾收纳袋、散热风扇等组成；剃

图5-73　DMG加工中心操作系统（左）
图5-74　海天注塑机操作系统（右）

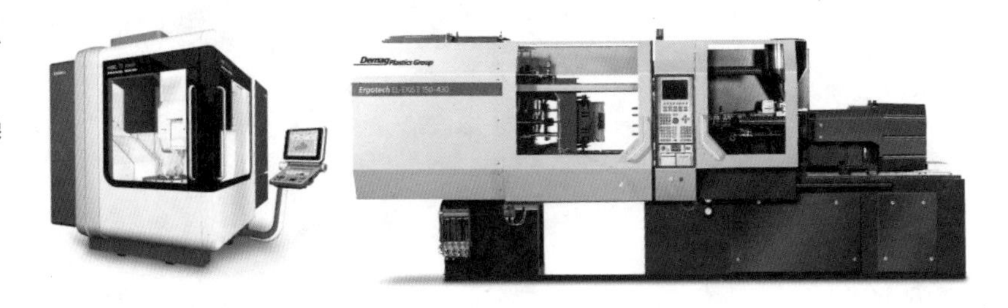

须刀的操作系统是由接触保护网罩、剃刀头、主轴等组成；摩托车的操作系统主要是由车轮、制动器等组成；普通照相机的操作系统是由镜头、取景器、感光元件等组成；加工中心（图5-73）的操作系统则主要是主轴、刀架、刀具、夹具、操作平台等组成；注塑机（图5-74）的操作系统主要是由注射、锁模机构、液压系统和操作面板组成。

5.3.3　产品的其他系统

除上述系统之外，还有一些附加系统，如框架系统、润滑系统、冷却系统、防护系统等，但不一定每个产品上都有。

框架系统是多数产品特别是复杂产品所必有的系统，就像人体内部的骨架，起到支撑产品、安装内部零件、固定外壳的作用，它是决定产品的强度和造型形态的关键因素。框架一般是铸造结构或焊接结构，在支承传动轴的部位通常镶有轴承或轴瓦。汽车的框架主要是底盘系统（图5-75）。

润滑系统一般对产品的运转部位自动添加润滑液、润滑油等，使运转部位不致严重磨损。

冷却系统一般分为液体冷却系统和气体冷却系统两种。液体冷却系统是通过管路定时或不间断地向操作系统的高温工作区域喷洒冷却油或冷却液，以降低工作区温度，避免刀具与工件摩擦过热，而产生刀具的意外磨损、熔结、断裂、失效等现象，维持正常工作。电脑主

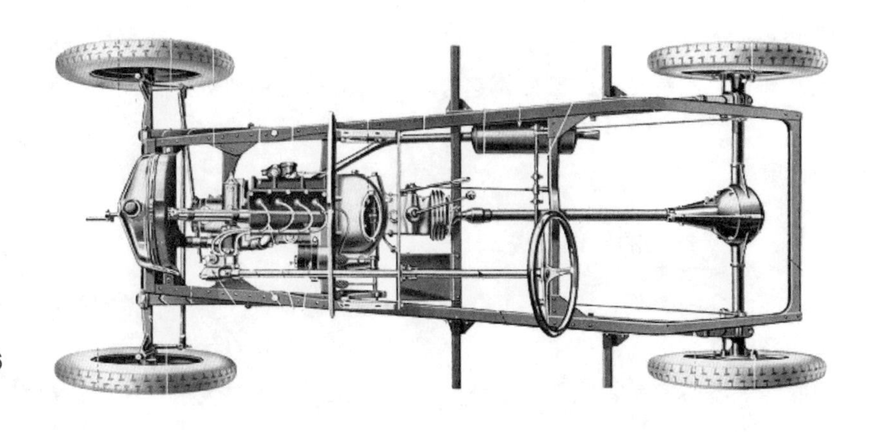

图5-75　citroen7.5-1926底盘系统

机的冷却系统主要由散热风扇及机箱散热槽孔组成，通过空气流动对主机进行冷却，属于气体冷却系统。

防护系统是防止操作区工作时发生危险而添加的保护装置，机器设备的防护罩是最常见的防护系统，为了便于观察操作情况，防护罩通常是透明的（图 5–76）。公用电话亭的防护系统由顶板、侧板等构成，主要用来防止风吹、雨淋、日晒，同时在公共的空间中营造出一个相对私密的空间。洗衣机的盖子（波轮式）或门（滚筒式）也是防护系统，波轮式盖子的开合是直接与控制系统连在一起的，机器运转中将盖子打开——波轮停止转动——防止发生意外；而滚筒式的门（图 5–77）在机器工作时是被锁住的，绝对无法打开。

图5–76　封闭式精雕机

图5–77　带防护功能的洗衣机门盖

5.4　外壳构造

外壳设计是产品设计的关键，它是造型设计，同时也是机械设计，它必须是在美观的同时也能用机械制图的方法画出来，用机械加工的方法进行批量生产。

框架和外壳在现代许多产品中已经很难有明显的区别，比较小型的产品往往是框架和外壳结合在一起，这是现代造型设计流行的趋向，特别是大型注塑机的使用，框架和外壳的结合可以增加造型设计的精密感和美观。

外壳是从产品构造和结构上的习惯称谓，具有包容内部组成部件且厚度较薄的特征，如电视机壳、手机壳和电动工具（图 5–78、图 5–79）等，从零部件功能和结构特征方面来说，具有支撑结构功能且相对封闭的特点。

尽管各种产品的功能、用途及构成产品外壳壳体的构造、材料不同，但产品外壳的主要功能与作用基本相似，主要功能如下：

1. 容纳、包容。将产品构成的功能部件容纳于内。
2. 定位、支撑。支撑、确定产品构成各零部件的位置。

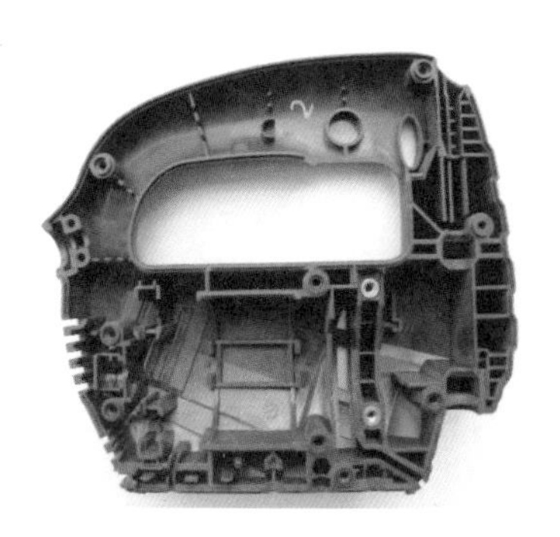
图5–78　BOSCH电锯的正面（左）
图5–79　BOSCH电锯的反面（右）

3. 防护、保护。防止构成产品的零部件受外部环境的影响、破坏或对使用者与操作者造成危险与侵害。

4. 装饰、美化。这是工业造型设计主要关注的问题。

5. 其他。依产品的功能和使用目的的不同而定，如汽车的车厢、音响系统的音箱。

作为产品或其部件外壳的壳体，在满足强度和刚度等设计要求的基础上，通常采用薄壁结构，并设置有容纳、固定其他零件的结构和方便安装、拆卸等结构。在具体结构设计上，除考虑其主要功能、作用外，还应该考虑以下几个要素：

1. 定位零部件。固定的零部件和运动的零部件在结构上需有不同的考虑。

2. 便于拆、装。考虑产品的组装、拆卸和维修、维护，壳体应设计成分体结构，各部分通过螺栓、卡扣等进行组合连接（图 5-80、图 5-81）。

3. 材料及加工、生产方式。产品的功能和使用目的决定了产品外壳采用的材料，考虑产品的生产批量和成本等因素，又决定了其加工、生产方式，进而又决定了壳体的结构设计。

4. 装饰与造型。装饰与造型的设计应结合产品的功能、构件的材料及加工、生产方式进行。

图5-80　可拆式空调面板（左）
图5-81　可拆式油烟机面罩（右）

第六章　简单静态产品的系统构造与影响要素

【本章要点】

1. 修正带系统构造与影响要素
2. 红酒开瓶器系统构造与影响要素
3. 扳手系统构造与影响要素

简单的静态产品结构简单，基本上是应用了一个构造的原理，实现了某个功能的产品，主要由外壳等部分组成，内部结构简单，外观受的约束少，设计时可运用不同的材料和形态，产品的外观效果可多样化。

案例 1　修正带（Correction Tape）

修正带（图 6-1）是类似于修正液的一种白色不透明颜料，涂在纸上以遮盖错字，可立即于其上重新书写，为学习和工作提供了方便。修正带主要成分为 AS、PS、二氧化钛等。

1. 构造

结构包括上、下盖，压嘴，大、小齿轮，还有一连接体，连接体的前部有压嘴座，压嘴嵌设在连接体的压嘴座上；压嘴座后部设有上

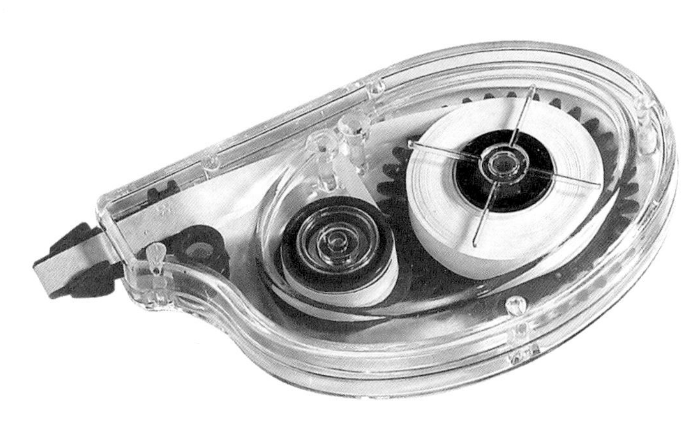

图6-1　修正带

盖座；连接体上设有定位柱；连接体的中部和后部分别设有开口的槽，两槽的底部分别为小齿轮轴孔和大齿轮轴孔；所述的大、小齿轮分别嵌合在连接体的大、小轴孔中，并且该大、小齿轮相互啮合。

总装好的产品，小齿轮和大齿轮啮合，通过齿轮的传动完成涂改的动作（图 6-2）。

图 6-3 为产品的分拆图，内部结构是齿轮结构，外壳上有固定齿轮的柱子。

和大齿轮一体的中间有两个中棘爪，和外壳上的单向齿形成定向转动的棘轮棘爪机构（图 6-4）。

2. 影响要素

（1）形态要素。形态受到内部齿轮的大小和结构的影响，外形可以适合于儿童的可爱性（图 6-5）。

（2）色彩要素。色彩可根据儿童的爱好设计，可以着色处理，可以丝印上图案，也可以贴彩纸和彩膜，达到外观丰富多彩的效果。

（3）功能要素。功能单一明了，但设计时可以结合写字功能等。

（4）材料要素。材料主要是塑料材料，外观不透明的采用 ABS 材料（图 6-6），透明件用 AS 材料（图 6-7），齿轮件可选用 POM 材料。

图6-2　修正带齿轮结构

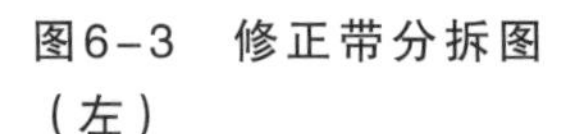

图6-3　修正带分拆图（左）

图6-4　修正带的棘爪（右）

图6-5　修正带的形态要素

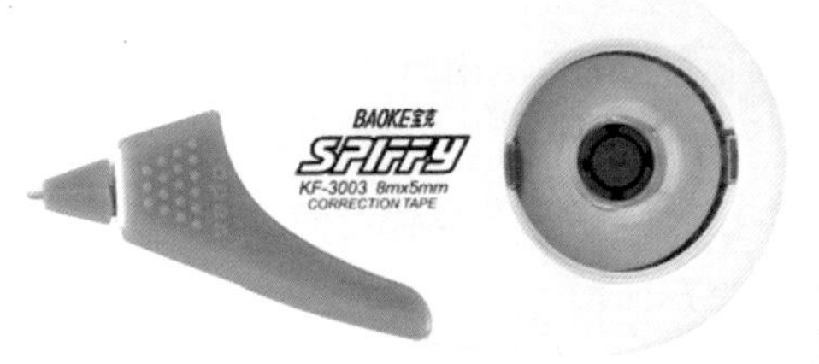

图6-6　修正带不透明材料（左）

图6-7　修正带透明材料（右）

（5）强度要素。强度要求不高，满足一定的韧性，防止摔裂。

（6）工艺要素。零部件采用注塑成型，装配上、下盖通过卡扣配合。

（7）安全要素。外壳的转折处应处理成圆润过渡，应该符合儿童用品相关国家安全条例。

图6-8　“T”形红酒开瓶器（1）

案例 2　红酒开瓶器（Wine Bottle Opener）

红酒开瓶器的作用是切开红酒酒瓶封帽，拔出软木塞，以便喝到心仪的美酒。主要分为不锈钢红酒开瓶器、塑料柄“T”形红酒开瓶器、酒刀（小刀开瓶器）、合金开瓶器（蝴蝶开瓶器）、真空开瓶器、电动开瓶器、台式开瓶器、墙挂式开瓶器等。从结构角度主要分析塑料柄“T”形红酒开瓶器和合金蝴蝶开瓶器。

1. 构造

塑料柄“T”形红酒开瓶器（图6-8、图6-9）由手柄和瓶口罩组成，旋转的手柄中镶嵌着金属的螺旋钢丝。使用方法是将塑料的螺纹旋转到最顶端，瓶口罩压在红酒瓶瓶口，慢慢旋转手柄，使钢丝嵌入瓶塞，手柄旋转到底后，用手握住瓶口罩，顺时针慢慢旋转，瓶塞一点一点往上提，到瓶塞脱离瓶子为止。此结构的原理应用了构造中的螺旋机构。

图6-9　“T”形红酒开瓶器（2）

合金蝴蝶开瓶器（图6-10、图6-11）由四个部件组成：旋柄、

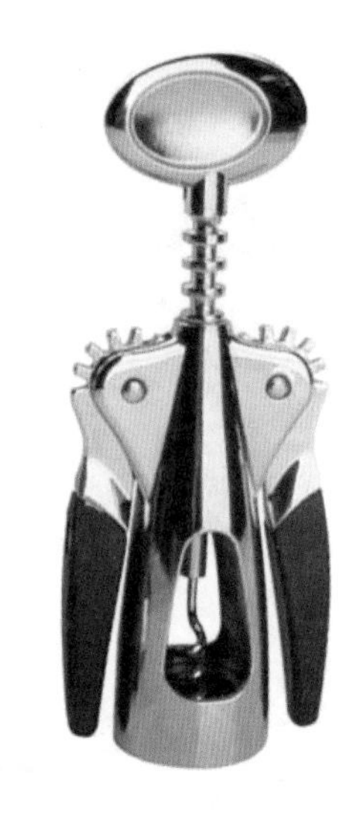

图6-10　合金蝴蝶开瓶器（1）（左）

图6-11　合金蝴蝶开瓶器（2）（右）

瓶口罩和两个把手，把手前端有不完整的齿轮。使用方法是旋柄旋转到最顶端，瓶口罩压在红酒瓶瓶口，慢慢旋转手柄，使前端螺旋部件嵌入瓶塞，手柄旋转到底后，用手慢慢压左右的两个把手，把手上的齿轮和旋柄的齿条啮合，齿轮慢慢带动齿条上升，瓶塞一点一点往上提，到瓶塞脱离瓶子为止。此结构的原理应用了构造中的齿轮齿条传动机构。

2. 影响要素

（1）形态要素。形态受到螺旋机构或者齿轮齿条结构的影响，但对外形影响不大，特别是合金蝴蝶开瓶器的外形可创作余地更大。

（2）色彩要素。塑料柄“T”形红酒开瓶器一般采用淡雅的单色，通过塑料着色直接注塑而成，表面可以是光亮或者磨砂。合金蝴蝶开瓶器一般是金属的本色，也可以电镀处理。

（3）功能要素。结构简单，利用螺旋机构或者齿轮齿条传动完成开瓶动作。

（4）材料要素。塑料柄“T”形红酒开瓶器材料主要是 ABS，如透明的采用 PC 材料，但成本会高一些。合金蝴蝶开瓶器采用铝合金，重量要轻些的话可采用镁铝合金。

（5）强度要素。有一定的强度要求，特别是把手不能设计得太单薄。

（6）工艺要素。塑料件采用注塑成型，金属件采用压铸成型。

（7）安全要素。外壳的所有转折处应处理成圆润过渡，强度、刚性满足使用要求。

案例 3　棘轮扳手（Ratchet Spanner）

棘轮扳手（图 6-12）是一种手动螺丝松紧工具，单头、双头多规

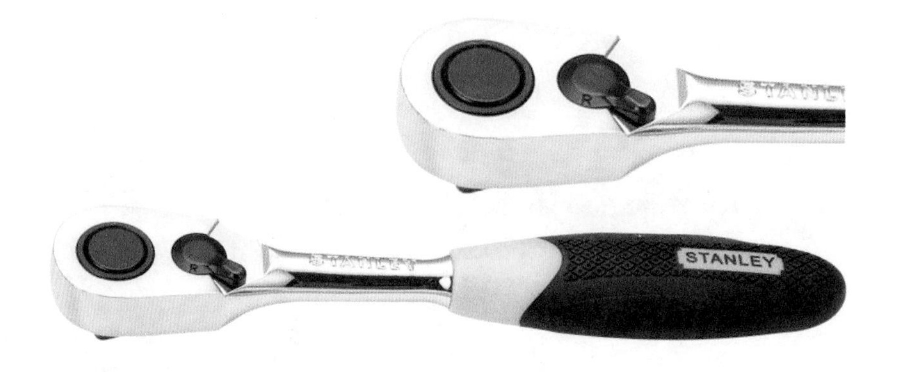

图6-12　棘轮扳手

格活动柄棘轮梅花扳手（固定孔的），是由不同规格尺寸的主梅花套和从梅花套通过铰接键的阴键和阳键咬合的方式连接的。一个梅花套具有两个规格的梅花形通孔，使它可以用于两种规格螺栓的松紧，从而扩大了使用范围，节省了原材料和工时费用。活动扳柄可以方便地调整扳手使用角度。这种扳手用于螺栓的松紧操作，具有适用性强、使用方便和造价低的特点。

1. 构造

棘轮扳手由梅花套、主体、橡胶手柄和棘轮旋钮组成。当棘轮旋钮为 R 方向时，顺时针扳动手柄，可以用力扳紧螺帽，逆时针可以退回手柄，而梅花套不动，这样可以使梅花套不脱离螺帽而连续动作。此结构的原理应用了构造中的棘轮棘爪机构（图 6–13）。

图6–13　棘轮棘爪机构原理

2. 影响要素

（1）形态要素。扳手头部有棘轮棘爪的机构，比普通扳手略大，有一棘轮棘爪的调节旋钮，其他和普通扳手无异。

（2）色彩要素。主体为金属，一般采用电镀，色彩主要通过手柄的 PU 材料来调节，可以采用双色，色彩丰富。

（3）功能要素。结构简单，利用棘轮棘爪机构完成单向连续扳动的动作。

（4）材料要素。主体为 45 号钢，可选用 T10 等工具钢，手柄为 PU 材料，质地柔软。

（5）强度要素。有一定的强度要求，主体材料通过热处理增强强度。

（6）工艺要素。主体采用冷锻和机械加工的方法，手柄通过二次注塑成型。

（7）安全要素。手柄设计成滚花，增加摩擦力，防止使用时打滑。

第七章　复杂静态产品系统构造与影响要素

【本章要点】

1. 全自动洗衣机构造与影响要素
2. 笔记本电脑构造与影响要素
3. 单反相机构造与影响要素

此类产品（内外结构有别的产品，如洗衣机、电脑、空调、仪器设备等）由于内部构造复杂，一般外部都附有机壳：一方面作为保护罩，防止外物或人接触造成危险，防止尘埃侵入影响机器运行；另一方面作为内部构造的整体形态美化和功能语义诠释。

案例 1　全自动滚筒洗衣机（Automatic Washing Machine）

这种发源于欧洲的洗衣机是模仿棒锤击打衣物原理设计的，利用电动机的机械做功使滚筒旋转，衣物在滚筒中不断地被提升、摔下，再提升、再摔下，做重复运动，加上洗衣粉和水的共同作用使衣物洗涤干净。滚筒洗衣机的发展最为成熟，多年来在结构上没有多少变化，基本是不锈钢内桶，机械程序控制器，经过磷化、电泳、喷涂三重保护的外壳，以及两块笨重的水泥块用于平衡滚筒旋转时产生的巨大离心力。由于用料比波轮洗衣机好，所以寿命一般在 15~20 年，是目前最主流的、节水且洗净度较高的洗衣机（图 7–1）。

图7–1　全自动滚筒洗衣机

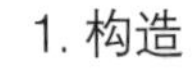

1. 构造

滚筒洗衣机组成部分主要有：箱体部分、桶体部分、传动部分、程序控制部分和进水、排水系统。

（1）箱体部分（Box）。通常由控制面板、侧盖、外壳、底座、底脚等组成。箱体通常采用薄钢板压制成型，外表局部也常采用注塑饰面板、压条等用以安全和美化装饰作用（图 7–2、图 7–3）。

（2）桶体部分（Barrel）。一般由不锈钢内筒和外桶组成。内桶用

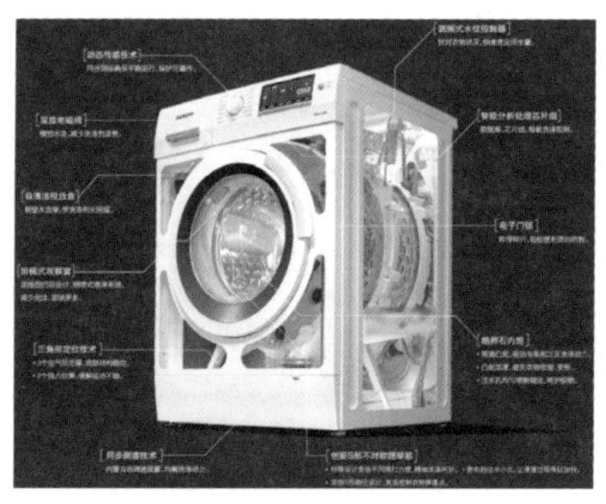

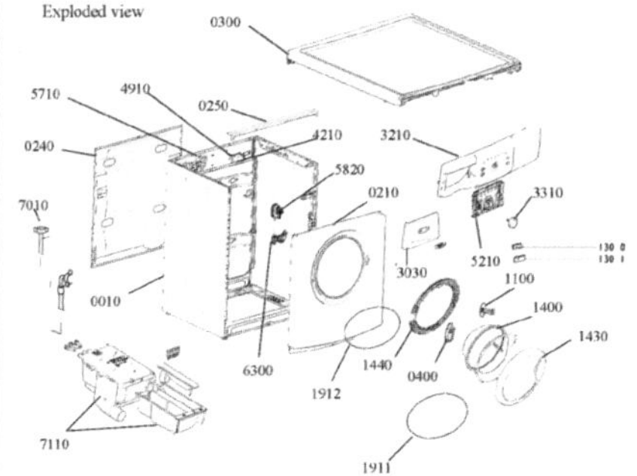

图7-2　滚筒洗衣机的箱体部分（左）

图7-3　滚筒洗衣机的箱体结构分解图（右）

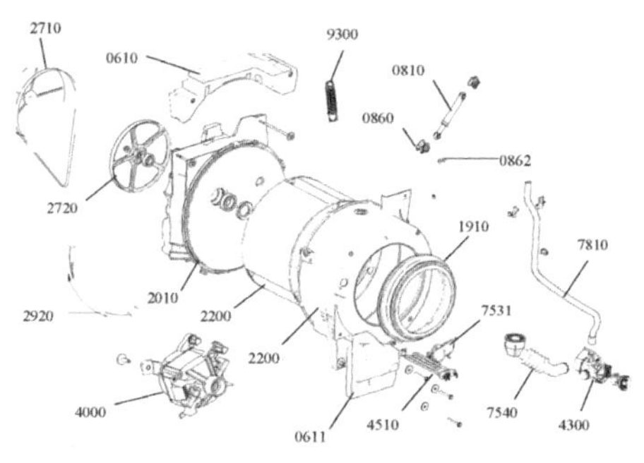

图7-4　滚筒洗衣机的滚筒部分（左）

图7-5　滚筒洗衣的滚筒结构分解图（右）

以提升衣物、甩打洗涤、脱水；外桶用以盛放洗涤液和收集脱水时甩出的水（图 7-4、 图 7-5）。

（3）传动部分（Transmission）。一般由电机、减速离合器、减震平衡块、三角皮带等组成，用以实现动力的产生和传递，实现洗涤和脱水等运动机构的运行（图 7-6）。

（4）程序控制部分（Program Controller and Monitor）。主要由电脑芯片程序控制器、平衡减震控制器、水位传感器 / 水位控制开关、安全开关等组成，用以确保平稳运行，控制洗衣机按照用户预设程序工作（图 7-7）。

（5）进排水系统（Water and Drainage System）。通常由进水阀、水位开关和进水管组成进水系统，用以实现自动进水和控制进水量；由排水阀 / 排水磁铁、排水管组成排水系统，用以将洗涤后及漂洗脱水时甩出的水排出（图 7-8）。

图7-6　滚筒洗衣机的传动部分（左）

图7-7　滚筒洗衣机的程序控制部分（中）

图7-8　滚筒洗衣机的进水、排水系统（右）

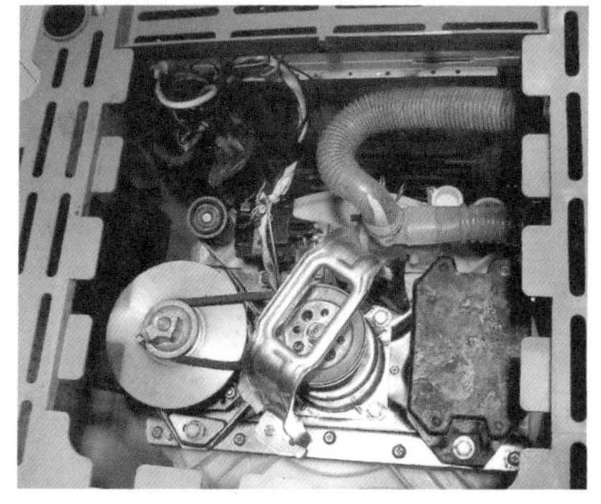

2. 影响要素

（1）形态要素。滚筒洗衣机整体属于块状形态，外部构造上主要突出稳定、可靠、敦厚的视觉效果，体量上应可以包容所有内部机件并加以整体美化。机门的造型是主要的视觉聚焦点之一，是块体上的一个点的装饰，应该重点进行细节设计。

（2）色彩要素。由于整体体量较大，分量较重，因此多见浅色系涂装，少见深色，以减轻压抑感，衣物清洁的主要用途也要求其外表色彩以清新明快或素雅庄重的基调为主。

（3）功能要素。基于洗衣的主要功能，要求机体具有放 / 取衣物的开口，与波轮洗衣机工作原理不同的是：滚筒洗衣机滚筒侧卧，因此开门必须置于前面，而不能置于顶面；为便于观察滚筒内部的工作情况，多把机门中心用透明材料制作，形成可视窗口。此外，基于进水、排水的要求，还应设置合适位置的进水口和排水口，一般情况下进水口设于顶面，排水口设于后面底部。

（4）材料要素。由于滚筒洗衣机的平均使用寿命远长于波轮洗衣机，因此在材料运用上一般以不锈钢（桶体）、金属（框架支撑）为主要材料，面板装饰用耐老化、高强度工程塑料及其他耐用材料为宜。

（5）强度要素。滚筒洗涤需要平衡减震，在内部结构上需要配置平衡块，运行时一般会产生较为明显的上下震动和扭动，因此要求整体结构强度要经得住这种频率较高的运动破坏，框架要足够结实牢固，符合专业标准，通常机体为长方体连接牢固的封闭金属框架结构。

（6）工艺要素。基于外部以钢板为主材、工程塑料为辅材的特点，工艺上要求机体外部线条简洁顺滑，利于加工成型，同时整体避免尖角、锐角的折面过渡，防止制造缺陷产生。

（7）界面要素。滚筒洗衣机的控制界面一般设置于正面上方（因为顶面是一大平面，通常可用来放置用品，操作界面若设于此不利于操作），控制界面面板后面与内部控制系统相连；其操作界面（即机门）一般置于控制界面下方，位于正面的中心部位，与内部的滚筒开口时前后关系，便于衣物拿取，开门方向通常为右开门。

（8）安全要素。机门是使用最频繁的部位，因此机门的开合松紧度应当适中，开合感觉明显，以确保机门开合安全可靠；由于滚筒工作时呈倾卧状态，机门的防水密封性就显得十分重要，工作时若机门处溢水渗漏，后果不堪设想。有些品牌还设有电子童锁，以防止儿童误操作。此外，机箱外壳的所有转折处应处理成圆润过渡，避免过分挺直锐利而给人身造成肌肤伤害。

案例 2　笔记本电脑（Notebook）

笔记本电脑最大的特点，就是必须适合移动办公的模式，因此普遍向超薄、超轻的超便携式方向发展。这类笔记本电脑常采用基座分离式或模块结构式，软驱设备通常外置，常见铝镁合金结构设计，质轻且利于散热，适合于经常性的移动办公（图 7- 9）。

1. 构造

笔记本电脑组成部分主要有：顶盖及显示屏、镁合金底盘、光驱、音频电缆、立体声系统、无线网卡、触控面板、系统主板、可替换电池、扩展槽、冷却风扇、固态驱动、底盖、键盘、显示器连接、记忆芯片、内置电池等（图 7–10）。

（1）外壳及框架部分（Shell and Frame Parts）。包括顶盖和显示屏、键盘、触控面板、镁合金底盘和底盖等。这部分是决定笔记本电脑主要形态特征的部分，它主要用来形成外观造型、接受输入指令、显示目标画面。

（2）嵌入式硬件（Embedded Hardware）。包括电池、光驱、读卡槽、各种接口（USB、网络、电源、耳机话筒）、散热风扇等。这部分是维持电脑运行及数据传输的必要部件。

（3）系统处理部分（System Processing）。包括主板（CPU、内存、声卡 / 显卡）、硬盘等。这部分是电脑最核心的技术部分，有了它，电脑才可以工作。

2. 影响要素

（1）形态要素。笔记本电脑整体属于面状形态，外部构造上主要突出简洁、大气、时尚及科技感的视觉效果，体量上应可以包容所有内部机件并加以整体美化。顶盖、键盘及触控板的造型都是主要的视

图 7 – 9　笔记本电脑（左）
图7–10　笔记本电脑的组成部分（右）

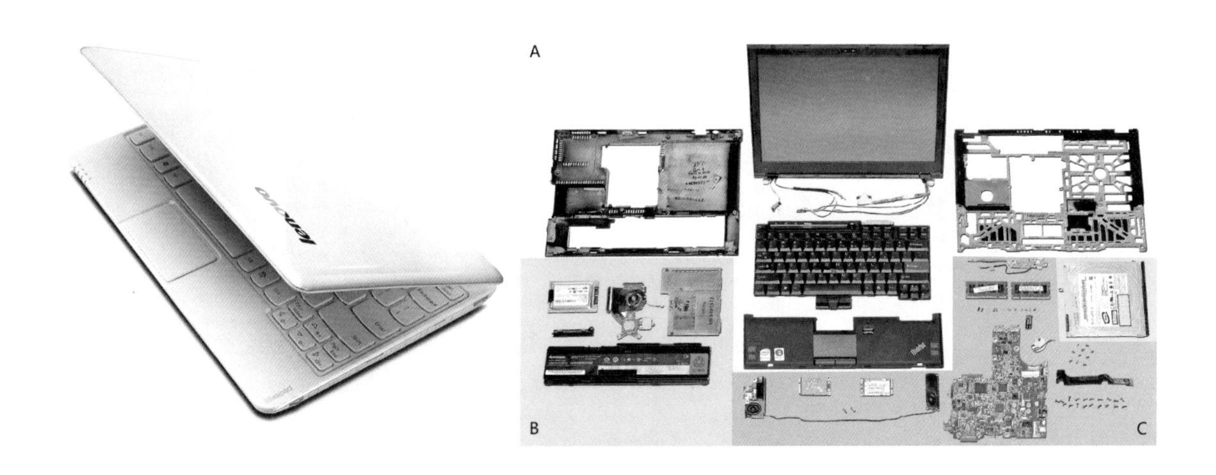

觉聚焦点，硬界面合理的尺寸和布局是操作界面形态的关键，应该重点进行细节设计。

（2）色彩要素。由于整体体量较小，分量较轻，因此色彩上可以呈现多样化涂装，但总体以具金属质感漆面或金属阳极氧化的色彩为多，也有以永恒的黑色为主调，如联想的 ThinkPad。

（3）功能要素。基于移动办公的主要功能，要求笔记本电脑具有便携的尺寸和重量，并具备常规办公所需的部分或全部功能。

（4）材料要素。由于笔记本电脑属于易损、易耗产品，因此机壳与内框架一般以铝镁合金、钛合金及工程塑料这类质轻而强度较高、品质感较高的材料为主。

（5）强度要素。笔记本电脑强度要求较高，毕竟它的内部空间安排缜密，任何一点外力所致的表面凹陷都有可能导致内部机件运行受阻或损坏，因此要求整体结构强度要经得住一定程度的磕碰和摔打，内部框架要有足够的刚性和强度，符合行业生产标准。

（6）工艺要素。基于笔记本电脑的形态特征，工艺上要求机体外部顺滑简约，没有过多的凹凸起伏，利于加工成型，易于保持清洁。

（7）界面要素。硬界面方面主要考虑键盘及触控板的人机关系，尺度和触感都应做得恰到好处，在标准化尺度（如键盘大小）设计的前提下，局部和细节上的个性化设计会成为整台电脑的聚焦点。

（8）安全要素。机体边缘避免尖角锐角，防止肌肤触碰而造成损伤；内部散热应符合标准，避免过分追求超薄而压缩有效散热空间，否则易导致机件过早老化，使用寿命缩短，并且易带来肌肤接触的不适感。

图7-11　单反相机

案例 3　单反相机（SLR Camera）

单反就是“SLR”，即单镜头反光（Single Lens Reflex）相机的缩写。即相机镜头后有一个反光镜可以将来自镜头的光线向上反射到一个五棱镜，然后五棱镜将光线折射到取景器窗口，这样，用户通过取景器就可以看到来自镜头的影像了。当快门按下时，反光镜会迅速升起，来自镜头的光线此时直接照射在胶片上，从而完成拍照。在数码相机中，CCD 或者 COMS 感光器件代替胶片来捕捉影像（图 7-11）。

1. 构造

单反相机的主要部分有：镜头、机身（机壳、五棱镜、图像处理芯片、感光组件）、快门和光圈等（图 7-12）。

图7-12　单反相机主要部分局部剖面图（上图）和局部分解图（下图）

（1）镜头部分（Lens）。镜头都是由多块镜片所组成，而一块或

图7-13　镜头部分总图（左）
图7-14　机身部分外观图（中）
图7-15　快门部件的视图（右）

多块镜片又能组成不同的镜片组，实现不同的功能，帮助形成清晰的影像（图7-13）。

（2）机身部分（Body）。包括机壳、反光镜、对焦屏、五棱镜取景器、图像感应器、影像处理器等部件（图7-14）。反光镜将摄影镜头取的影像反射到对焦屏，再由对焦屏检验焦点，最后由五棱镜取景器将对焦屏上左右颠倒的图像校正过来，使取景看到的图像与直接看到的景物方位完全一致；图像感应器将光线转换成电信号，生成图像数据所需的基础部分，影像处理器根据图像感应器传输的数据，生成数字图像。

（3）快门部分（Shutter）。由快门叶片、传动机构、动力弹簧、慢门机、闪光联动机构、自拍机等组成，和镜头的光学镜片装在一个主体内，作用是和光圈配合，调节曝光量和曝光时间（图7-15）。

（4）光圈部分（Aperture）。是由位于镜头内的多个金属片组成（图7-16）。作用是控制并调节通过镜头的光线的多少。

2. 影响要素

（1）形态要素。单反相机大体上由机身和镜头两个几何体构成，整体属于块状形态，外部构造上主要突出精密、稳重、专业、大气的视觉效果，体量上应可以包括所有内部机件加以整体美化。镜头的样式和整体机身硬界面的设计包括快门按钮以及档位调节装置等都是主要的视觉焦点，应进行主要的细节设计。

（2）色彩要素。金属相机机身诞生之初，大多采用涂黑油漆的简单工艺，随着电镀技术的发展，人们开始在机身上加各式花纹；战地摄影报道的专业摄影师若使用光亮的机身很容易被发现，因此黑色机身实际上是给专业记者用的。后来广大摄影发烧友和摄影师对此情有独钟，黑色机身也就成了主要机型，代表其专业和稳重。从专业层面上说还有一个原因，就是黑色可以减少由于机身反光而对微距拍摄的影响。

（3）功能要素。基于外出摄影的主要功能，要求单反相机具有便携的尺寸和适合的重量，并具备通常室内、外摄影所需的部分或全部功能。

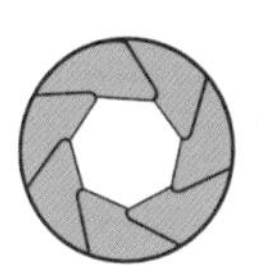

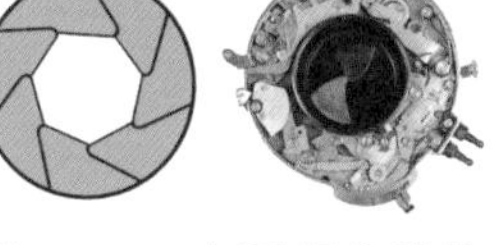

图7-16　光圈部分的结构原理图

（4）材料要素。早期胶片机基本上都使用金属，一般是比较轻便的镁合金、铝合金，也有用钢材的，外层采用电镀技术，而电镀层容易脱落，处理液也对环境有伤害，因此产生了塑料外壳，后期胶片机很多都普及了工程塑料。到数码时代，大部分入门级到低级中端机（佳能 60D、尼康 D90 那个层次）都是使用工程塑料作为外壳的，更高端的机型考虑到耐用和密封性，会选择镁铝合金这类坚固而轻便的材料。在个人持有数码单反可预见的时间里，工程塑料外壳一般是不会坏的。

（5）强度要素。单反相机强度要求较高，其内部装满各式光学元件以及图像处理装置，尤其是光学元件，细微的形变、位移、损坏都会影响成像的质量，因此要求相机机身框架结构牢固，外壳坚实，经得起一定程度的挤压和振动，符合行业标准。

（6）工艺要素。基于单反相机的形态特征，工艺上要求机体外部精密稳重，形态上曲面过渡自然，细节上保持表面材质有细微的凹凸，一定程度上增大与手的摩擦，利于达到好的手感。

（7）界面要素。主要考虑在摄影过程中调节摄影参数时取景器，档位调节装置、相关按键的人机关系。取景器的位置和按键的位置、尺寸、触感都应做得让使用者易于上手，在标准化尺度（如取景器、液晶屏大小，快门位置）设计的前提下，局部和细节上的个性化设计会成为整台相机的聚焦点。

（8）安全要素。机体整体外观造型要求曲面平滑，避免棱角。在形态和触感上要符合手拿捏时的人体工程学，防止手握相机时造成的不适和损伤；同时也要易于拿捏，增强手感，防止手滑脱落。

第八章　简单动态产品的系统构造与影响要素

【本章要点】

1. 滑板构造与影响要素
2. 婴儿手推车构造与影响要素
3. 转椅构造与影响要素

此类产品（内外结构一致的产品，如滑板、手推车、婴儿学步车、转椅等）由于构造相对简单，运动速度相对较慢（没有风阻要求），在确保安全（符合国际安全标准）的前提下，一般外部都没有机壳护罩，以减轻重量、降低原材料消耗和生产成本。

案例 1　滑板（Skateboard）

滑板项目可谓是极限运动历史的鼻祖，许多的极限运动项目均由滑板项目延伸而来。20 世纪 50 年代末、60 年代初由冲浪运动演变而成的滑板运动，在而今已成为地球上最“酷”的运动。滑板材料的研究与开发如今已达到了登峰造极的地步，硬质塑料、铝合金、玻璃纤维，甚至高科技的碳素复合材料都被用来试制滑板。最终，抗冲击性能好、重量轻的加拿大糖枫担负起了新一代滑板材料的历史使命。滑板分玩具板和专业板［专业 U 型池滑板（图 8-1）/ 专业街式滑板（图 8-2）］两大类、分别适用于普通娱乐和职业选手。

图8-1　专业U型池滑板（左）

图8-2　专业街式滑板（右）

1. 构造

滑板组成部分主要有：滑板主要由板面、滑板支架、滑板轮等（图 8–3）。

（1）板面部分。包含板面（Deck）和砂纸（Sandpaper）等（图 8–4）。板面通常以五层、七层、九层枫木板微波冷压制成，也有铝合金、碳纤维等材料所做成的板面。板面的板头、板尾一般翘起，常用的板型是 20cm × 81cm 尺寸。较大接触面的板（22cm 以上）适合于 U 池，比较稳健；而 19cm 左右的板，适用于平坦的路面，比较灵活、快捷。此外，脚窝的深浅根据动作要求也有所不同。砂纸粘于板面的上表面，用来增加与鞋底的摩擦力，便于控制滑板。

图8–3　滑板组成部分

（2）滑板支架部分。也称桥（Bridge）（图 8–5），通常用金属制作，上方带有缓冲垫，固定于板面下面，用以安装轮子。支架可以使轮子转弯，并且可以调节轮子的转弯速度和角度。支架两端轮子的间距（桥距）根据面板宽度而定，支架高度根据轮子大小而定，避免发生打弯时轮子碰到板面或打弯过度造成支架钉断裂的情况。

（3）滑板轮（Wheel）部分。包含滑板轮、轴承（图 8–6），滑板的四个轮子通常是用聚氨酯做成的。根据不同需要，可以配装不同的直径、形状和硬度的轮子。小轮子启动快，但后劲不足，适合做技巧动作；而大轮子则可以比较容易地在不太平坦的地面上滑行。硬度低的轮子适用于粗糙路面；硬度高的适合于光滑路面。

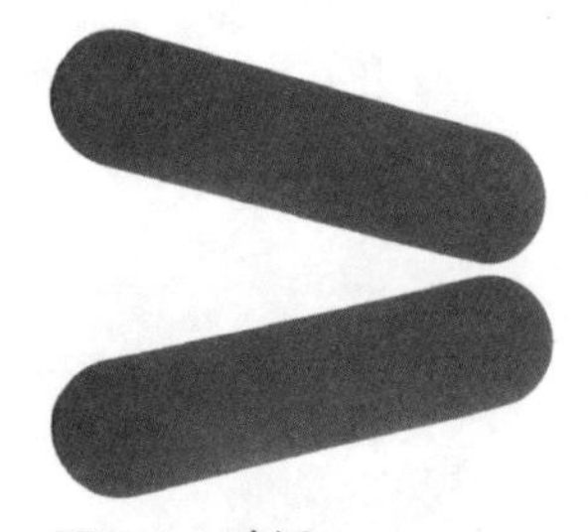

图8–4　砂纸

2. 影响要素

（1）形态要素。滑板整体属于面状形态，外部构造上主要突出稳健、轻巧、速度的视觉效果，尺度上应符合国际标准，两头的形状与翘度应根据不同需求而定。板面的造型是主要的视觉聚焦点之一，是滑板上的一个面的装饰，应该重点进行细节设计。

（2）色彩要素。由于滑板属于运动产品，因此多见用具有强烈动感和视觉冲击力的花色图案来涂装，少见采用单色或柔和色的素雅装饰，以兴奋运动者的中枢神经，提高运动质量。

图8–5　滑板支架

（3）功能要素。基于滑板的主要功能，不同的比赛场地要求，需要配置合适的板型、支架高度以及轮径来做组装，当然，滑板具有稳定的踩踏接触面，整体易于灵活操控是必须做到的。

（4）材料要素。这种运动器材在材料运用上要求极高，一般以枫木、碳纤维（板面）、特种铝合金（支架）、聚氨酯滑轮为主要材料，面板装饰用耐磨、耐老化的涂层材料为宜。

（5）强度要素。首先应符合国际专业标准，板面应足够的抗拉、抗扭和抗弯强度，以承受运动过程中多种复杂因素造成的破坏力冲击，确保人身安全。此外，支架和轮子的减震性能和抗冲击性能也可以减

图8–6　滑板轮

少运动对人体的伤害。

（6）工艺要素。基于运动产品的特点，工艺上要求整体外形线条简洁顺滑，利于加工成型，同时整体避免尖角、锐角的折面过渡，防止制造缺陷产生。

（7）界面要素。滑板的主界面是板面部分，头部和尾部的翻翘决定了人与滑板的接触与操控面位于板面的下沉部分，这个接触界面不应该有凹凸不平、翻边的造型，以最大限度地利用平整表面来增加操控的可靠性；板宽是决定运动方式的一个主要因素，19cm 以下的一般用于平地滑行，22cm 以上的适合“U”形池运动。此外，由于翻转、跳跃等动作的需要，板面的侧截面形状应易于手的把握，边缘太薄或太圆润都易于打滑，不利于操控。

（8）安全要素。滑板的安全与人及器材两方面有关。作为器材，首先应保证在正常运动情况下不断裂、不变形并且轻巧、耐磨。当然，人的操控能力也是决定安全运动的关键，事前学习是必要的。

案例 2　婴儿手推车（Baby Stroller）

婴儿手推车，起源于欧洲，至今已有超过 300 年以上的历史，但出现在中国却只有十几年。如今，中国已成为世界上最大的童车制造国，虽然发展速度迅猛，但问题也有不少，假冒伪劣产品随处可见。因此，更有必要对婴儿手推车的结构与安全作一个全面的研究和分析，以利于该行业的科学发展。婴儿手推车是宝宝最喜爱的散步交通工具，更是家人带宝宝出门时的必需用具。根据婴儿的成长和用途，婴儿手推车大致可分为居家型（图 8–7）、豪华型（全躺或半躺）（图 8–8）以及轻便型（图 8–9）。常见的婴儿手推车，低端的一般选用钢质车架、普通防雨布雨篷和普通配件；中端的一般选用铝合金车架、高级防雨布面雨篷和精致配件；高端的一般采用轻质高强度合金，但少见。

图8–7　居家型（左）
图8–8　豪华型（中）
图8–9　轻便型（右）

图8-10　婴儿手推车组成部件

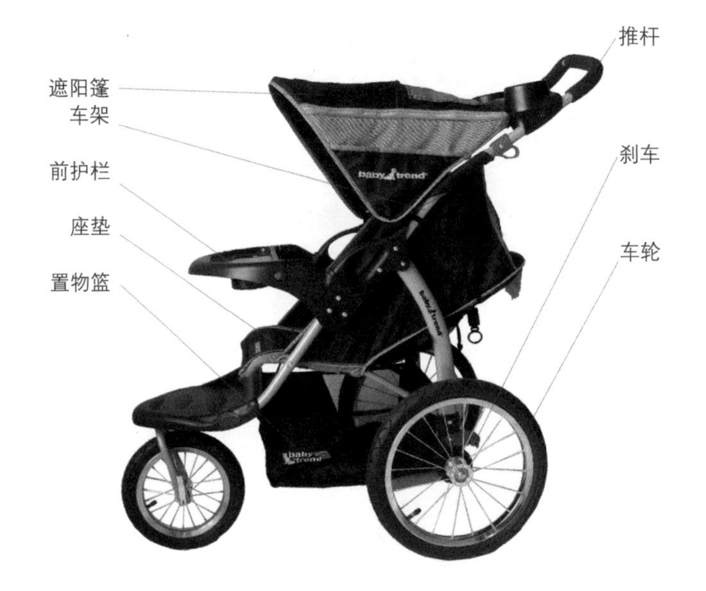

1. 构造

婴儿手推车组成部件主要有：车架、遮阳/雨篷、座垫/椅背、推杆、折叠机构、安全带、前护栏、置物篮、避震装置、刹车装置、高度调节装置、车轮等（图8-10）。

（1）车架部分（Frame）。这部分是童车的核心部分，是撑起童车天地的支架。通常情况下是封闭的四边形或多边形框架结构，框架多用铆钉连接形成支撑节点，它的结构合理与否、强度达标与否、材料轻便与否等，都直接关系到手推车的质量与价值。通常情况下，低端的童车骨架是用钢管制作的，坚固实用，但分量稍重，风吹日晒下容易生锈腐烂，不过价格相对便宜，适合普通人群购买；而铝合金骨架则避免了生锈腐烂的问题，外观较钢制骨架来说更为精细、美观，且重量较轻，易于携带。

（2）遮阳/雨篷（Awning）。遮阳/雨篷是童车在功能方面必不可少的一部分，一般具有伸缩结构，即可调节遮挡面积的结构。内置的骨架连接车身骨架，使外包的雨篷可以牢固顺服地被支撑起来。

（3）座垫/椅背部分（Seat/Back）。座垫/椅背是所有部件中与用户（婴儿）身体接触最紧密的部分，是由内部软衬（发泡海绵等）及外部软包构成，并牢固连接在骨架的相应位置。

（4）推杆（把手）（Handle Bar）。推杆（把手）是与操控者（父母或其他成人）密切接触的部分，把手一般固定在骨架最靠近操控者的手部位置，分双向和定向两种。双向即把手可变换方向，操控者可面向婴儿正面或背面推行，而定向则只能在婴儿背后推行。

（5）折叠机构（Folding Mechanism）。婴儿车的折叠机构一般都是快装结构，带有扳手或止扣。由于婴儿车的承重要求不高，所以折叠机构也相对简单，容易操作。

（6）安全带（Seat Belt）。安全带是婴儿车必备的部件，由软性带状织物制成，常见五点式安全带，呈“T”字形，可以较好地把婴儿身体固定在车内不致滑落。

（7）前护栏（Front Fence）。防止婴儿摔落之用，有时候也会附带游戏盘。前护栏有时候是可拆卸的，以解决换尿布不便的问题和较大婴儿的空间增扩问题。

（8）置物篮（Basket）。极简易的婴儿车一般只配备挂钩之类的便携装置，以便挂放随身物品，而通常的婴儿车则在坐椅底下配备置物篮，以最大程度上方便出行携带更多的随身物品。置物篮一般是用纤维网布或防雨布等软性织物制作而成，以便折叠收纳。也有用金属线材编制的网状篮筐。置物篮底部应有一定的离地高度，以防止经常碰到类似人行道高度的硬物碰擦。

（9）避震装置（Shock Devices）。为减轻婴儿车推行中因道路不平而引起的震动，一般都带有避震装置。它们通常置于前轮组或后轮组之上，主要由置于轮子上方的减震弹簧及导杆组成，弹簧连接轮子和车架支脚，导杆置于支架和轮子基座中。

（10）刹车装置（Brakes）。为避免婴儿车在停滞状态意外滑移发生危险，通常在后轮部位装有简易脚刹，只要推行者用脚轻轻踩踏即可完成刹车动作，确保婴儿车安全停泊。这种简单的刹车装置内部通常是偏心（凸）轮结构。

（11）高度调节装置（Height Adjustment Device）。此装置主要为了适应不同身高的推行者需要而设，位于手推杆下方，分折弯式和伸缩式两种。

2. 影响要素

（1）形态要素。婴儿车整体属于块状形态，外部构造上主要突出圆润、轻巧、舒适的视觉效果，尺度上应符合国际标准，造型的繁简应根据不同需求而定。车架的造型是主要的视觉聚焦点之一，而软性织物物件如遮阳篷、椅面等则是婴儿车车架造型的主要补充，应该重点进行细节设计。

（2）色彩要素。由于婴儿车属于移动产品，因此多见用冷色（如黑色、灰色等）与鲜艳色（如红色、黄色等）形成的既具有视觉冲击力又不失稳重安全感的色彩对比，通常较少采用花色图案软性织物和浅色织物，这样可以给人以干净、舒适的视觉印象。

（3）功能要素。基于婴儿车的主要功能，根据不同的用户要求，需要分别设计简便型、舒适型和豪华型等具有不同功能配置的产品。

通常简便型也称伞形，是折叠后最轻便、尺寸最小、重量最轻但功能最少的一种，它只具备最基本的坐与推行功能。舒适型和豪华型则根据需求配置较多的附加功能，如坐躺两用、置物篮、双向推杆等，重量在 10kg 上下。

（4）材料要素。婴儿车在材料运用上可依客户定位和价格定位而进行变化，一般从普通、舒适到高端；车架配以从普通钢质，铝合金；到特殊轻质合金等不同的材料；软性织物配件则以轻质防雨、耐磨、耐老化的涂层织物材料为宜。

（5）强度要素。首先应符合国家或国际专业标准，车架应具有足够的抗压、抗扭和抗弯强度，以承受推行过程中多种复杂因素造成的破坏力冲击，确保人身安全。此外车架和轮子间的减震装置要求具有一定的抗冲击性能，以减少地面不平对人体的伤害。

（6）工艺要素。基于婴童产品的特点，工艺上要求整体外形线条简洁顺滑，利于加工成型和组装，同时整体避免尖角、锐角的折面过渡，防止制造缺陷产生。

（7）界面要素。婴儿车的主界面是坐椅部分，其相关部位的角度和尺度是决定婴儿坐躺舒适度的重要因素；次界面是推行者的操作界面，即推杆角度、尺寸和把手形状，是决定推行者推行效率和舒适度的重要环节；高度调节装置是帮助符合和提高推行者推行效率的重要操作界面。此外，可供调节、变换的操作界面如高度调节旋钮、扳手、脚刹压杆等部位应用醒目标记颜色，与车体其他部件加以区分，便于识别。

（8）安全要素。婴儿车的安全与否与车架强度、安全附件有关。作为简单动态产品，首先应保证在正常推行运动情况下各部位不松动、不断裂、不变形，并且轻巧、耐用。其次，适当部位的避震装置、软性座舱材料运用，也可以增加婴儿使用的舒适度和安全性。

图8-11　转椅

案例 3　转椅（Swivel Chair）

通常来说，转椅就是电脑椅，属于办公椅类，尽管出现在中国的年代并不太早，但它是较早吸收外来式样的一种坐椅。其上半部与一般椅子的式样并无多大差别，只是座面下设有一种称为“独梃腿”的转轴部分，人体坐靠时可随意左右转动（图 8-11）。简言之，转椅是一种上半部分可以转动的椅子。转椅可分为半转椅和全转椅两种，半转椅能够相对于正面作左右各 90° 的旋转，全转椅则能够360° 随意转动。转椅是与人机工学结合得比较紧密的一种产品，因此其结构研究必须结合人机工学来进行。

1. 构造

转椅通常有以下组成部分：头枕、椅背、椅座、扶手、底盘、气杆、椅脚及脚轮等组成（图8–12）。

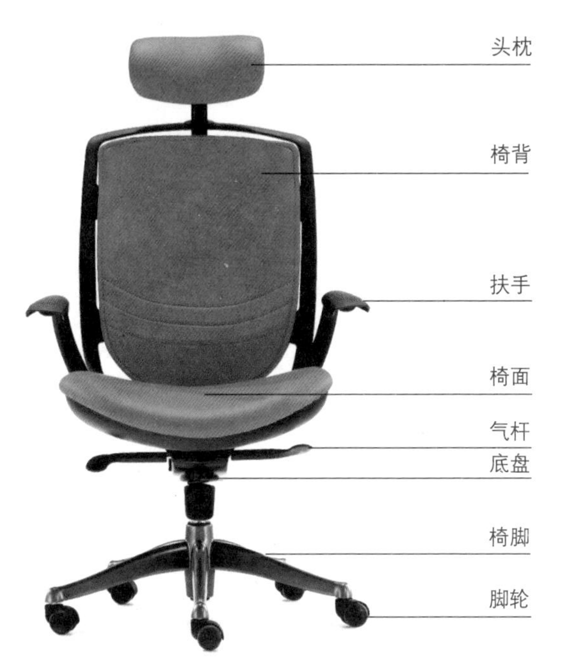

图8–12　转椅的构造

（1）头枕部分（Head）。较好的转椅都带有头枕部分，有的与靠背连为一体，有的单独立于靠背之上并可调节高度和角度。它具有符合人体颈部曲度的整体造型，属块状结构。其框架常为封闭的空间曲面，由金属线材弯曲而成或注塑制成；轻便型外包尼龙网面；舒适型通常内附高密度海绵，外包弹力纤维布面或皮革。

（2）椅背部分（Back）。椅背是人体后背的最重要支撑，除背部高度要求可调外，还要求后仰角度可调，并可调节自动回弹的软硬度，有些还可以自动锁定位置。一般靠背的骨架由注塑一次成型或钢制焊接框架，外包网布或高弹海绵加高弹皮革包布。现在网布椅背还附加类似头枕结构的腰托，以支撑人体腰部，分散背部压力，减轻背部疲劳。

（3）椅座部分（Seat）。椅板通常用注塑成型框板或木板制成，上面包覆高密度海绵和椅面。椅座是转椅最重要的部分之一，使用者身体的大部分重量都需要椅座来承托，因此它的尺度（座宽和座深）需要符合人机工学的相关要求。椅座和椅背一般分开制作，用钢管或钢板连接（称为椅背座连接，俗称角码）。

（4）扶手部分（Handrail）。通常用以支撑手臂部位，放松肢体肌肉。有大小之分，简单的小扶手表面较短，仅用以肘部倚靠；高端的大扶手表面宽敞，可以给整个小臂和手掌提供舒适支撑。

（5）底盘部分（Chassis）。底盘是托起椅座的部分，下面与气杆相连。底盘的形式多样，有的仅与椅座相连，有的与头枕、椅背、腰枕和椅座都相连，形成一个立体的框架结构，底盘附有座面升降调节杆和椅背角度调节杆（图8–13）。

（6）气杆部分（Gas Bar）。又叫升降杆，是用来调节椅座高度及承托人体和椅子上半部分重量、与底盘配合实现旋转运动的重要机构。

（7）椅脚部分（Legs）。一般为五爪结构，上部与气杆相连，用以支撑整个椅子重量和人体重量，并保持安全抓地而不出现倾翻，通常为钢质模铸或铝质模铸。

图8-13 底盘

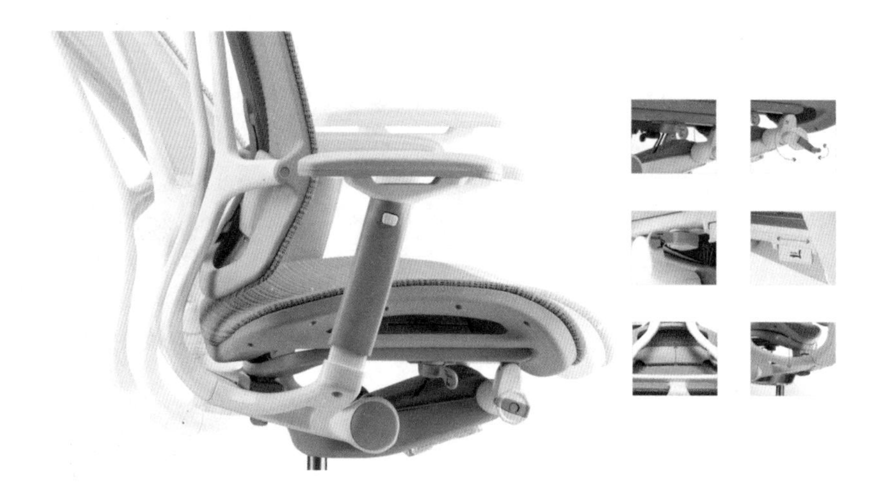

（8）脚轮部分（Casters）。一般为万向轮，与椅脚相连。一般轮架主轴带有精密轴承或球架，单轮或双侧小轮结构，轮子主架为高强度尼龙等，轮边为高弹橡胶或 PU 材料。

2. 影响要素

（1）形态要素。转椅整体属于线面综合形态，外部构造上主要突出挺拔、稳健、圆润、灵巧的视觉效果，尺度上应符合人机工学的基本要求，背部细节按需而定，无论结构繁简，都应注意整体造型的精炼与概括，特别是各部位尺度关系的协调和造型风格的统一。椅背和椅座的造型是主要的视觉聚焦点之一，应该重点进行细节设计。

（2）色彩要素。由于转椅属于办公家具产品，应符合用户办公环境下的色彩需求，因此较多采用两至三种单色的近色对比或柔和色对比装饰，而少见采用花色或强烈对比色的装饰，以体现优雅、宁静、高效的办公气氛。

（3）功能要素。基于转椅的主要功能，不同的办公要求和职位要求，需要配置不同的椅背和椅座，如大班椅（头枕、腰枕、升降、角度各项齐全）、工作椅（有升降，不一定有头枕、腰枕）、职员椅（有升降，无头枕、腰枕）、主管椅（可以有头枕、腰枕、升降等）、会议椅（根据会议室使用者定位来配置）等。当然，头枕、腰枕、升降及角度调节装置的繁简也要根据用户定位采用不同等级来进行配置，以最大程度符合不同用户办公的功能需求。

（4）材料要素。这种办公家具在材料运用上一般根据需要而定，从简到繁，从低端到高端，一般以全塑、塑框网布、塑框布面、金属框 PU 皮面以及金属框真皮面为主要材料。此外，采用的底盘、气杆也应随繁简而在材质和品质等方面配置有所不同。

（5）强度要素。首先应符合国际专业标准，椅座应具有足够的抗疲劳强度（耐久性试验），以承受移动、转动及倾斜过程中多种复杂因素造成的重复破坏力，确保椅子的使用寿命。此外，椅座、椅背和底盘、椅脚形成的系统承重性也十分重要，它关系到整把椅子的强度问题。

（6）工艺要素。基于运动产品的特点，工艺上要求整体外形线条简洁顺滑，利于加工成型，同时整体避免尖角、锐角的折面过渡，防止制造缺陷产生。

（7）界面要素。转椅的主界面是椅座、椅背和扶手部分，是人体与椅子接触最直接的部分。它们的尺度要求复杂，主要包括坐椅高度、长度、宽度、椅背倾斜度及调整幅度、椅背支撑点高度、椅背宽度、椅背水平半径、扶手长度、宽度和高度、扶手间距等。

（8）安全要素。转椅的安全性十分重要。作为办公家具，首先应保证在正常使用情况下整体不翻覆，局部不变形、不断裂。转椅的安全要求主要体现在安全稳定性方面，包括：前端失衡、向前失衡、侧面失衡和向后失衡等方面。因此在结构设计中，应注意构架的物理平衡性，比较实用的做法是：椅脚的总跨度（直径）略大于椅座的长度和宽度。当然，对于可调节椅背角度的转椅来说，仅此还不够，还应该考虑极限倾斜位置下身体对于整个结构的物理平衡影响性。

第九章　复杂动态产品的系统构造与影响要素

【本章要点】

1. 自行车构造与影响要素
2. 汽车构造与影响要素

此类产品（内外结构一致的复杂产品，如自行车；内外结构不一致的复杂产品，如摩托车、汽车、游艇等）由于系统构造比较复杂，运动速度相对较快（具有风阻要求），国际安全标准对于它们的局部或大部分有机壳护罩要求，以避免人身伤害事故的发生。

案例 1　自行车（Bicycle）

又名脚踏车或单车，是一种绿色环保的脚踏两轮交通工具，除人力以外没有别的辅助动力。它是 1791 年以来人类发明的最成功的人力机械产品之一，是由许多简单机械结构组成的复杂运动机械（图 9–1）。19 世纪初，第一批真正实用型的自行车出现，把自行车发展的历史推向了新的进程。其车架、轮子、踏脚、刹车、链轮等 25 个部件组合完美，互相间的配合缺一不可。21 世纪面向可持续发展的今天，尤其要注重自行车的发展和创新。

图9–1　自行车

1. 构造

自行车结构主要包括车架、前叉、车把、前后轮、链轮组、鞍座、脚蹬、刹车、其他附件等部分（图 9-2）。操控系统按照工作原理主要有：导向、传动及制动等系统。其中，导向部分包括：前叉 / 前叉合件、前轮 / 前轴、车把等；传动部分包括：链轮传动机构、后轮 / 后轴、脚蹬 / 中轴、变速器等；制动系统主要包括前、后刹车。代步用自行车的构成与运动比赛的专业自行车略有不同。常规代步用自行车结构如下。

（1）车架（Frame）部分。车架部分是决定自行车结构和特征的主要部件。国家标准对车架高度、车架前后开距、立管倾角等尺度有较严格的范围规定，不同大小的自行车，车架尺寸都有相应标准范围。此外，根据自行车大小及功能不同，形式上也会有所不同（图 9-3）。

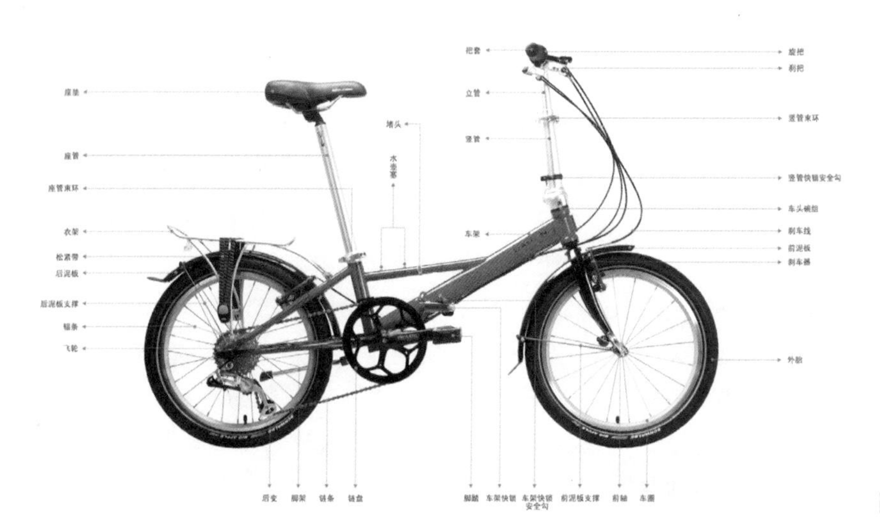

图9-2　自行车结构部件

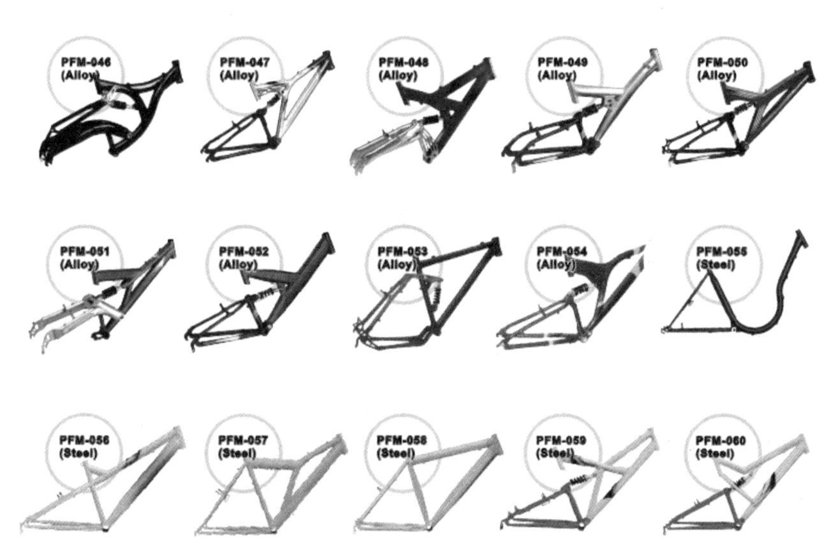

图9-3　车架

图9-4　前叉

（2）前叉（Fork）部分。前叉部分是行驶导向的主要部分，由一个前叉、前叉合件（轴承组，置于车架前管之中）构成。前叉的倾斜角度非常重要，与地面的夹角一般在70~75°（图9-4）。

（3）车把（Handlebar）部分。车把部分是操控自行车方向、保持平衡的主要部分，通过人的双手进行控制。车把结构类型丰富，有普通把、一字形把、下置式把、高把等。把手的结构尺度不同，直接决定了人的骑行姿势、运动效率和运动速度。通常情况下把宽（把手着力中心点间距）略大于肩宽（图9-5）。

（4）前后轮（Front/ Rear Wheels）部分。前后轮部分是承载人体重量、唯一与地面接触、实现水平运动的重要部分，由经过一定规律编结的辐条（钢丝）（Spokes）连接前后轴（Front/ Rear Hub）和轮毂（车圈）（Rim）、轮毂外加套轮胎（Tire）组成。通常轮径用英制时来描述，如16″、24″、27″等（图9-6）。

（5）链轮组（Chain/Chainwheels）部分。链轮组部分是实现动力传动，将脚输入的力传递到车轮，实现水平运动的重要部件。位于中轴上的称为链轮，有单片和多片之分：单片用于普通单速自行车；多片（一般三片或以下）用于变速自行车。位于后轴上的称为飞轮，也有单片和多片之分，多片常见七片或以下。所谓飞轮（Cassette Sprockets），是因为其内部装有单向运转的棘轮棘爪机构，当踏脚向前运转时带动链轮传递动力，而踏脚停止或反向运动时，链轮处于空转的惯性运动。此外，单速和多速的链条宽度是有区别的，但链条节距相同，均为12.7mm。与多速链轮组相配的是变速器（Derailleur），分成前变速器（控制链轮变速）和后变速器（控制飞轮变速）两部分，其变速手柄装于车把上，利于操控（图9-7）。

（6）鞍座（Saddle）部分。是自行车主要的承重点，人体的重量大约有5/7施加于鞍座上。鞍座由座面、减震弹簧架、鞍管夹等组成，通常普通自行车的鞍座弹簧较软，弹性较好，舒适度较好；而赛车鞍

图9-5　车把

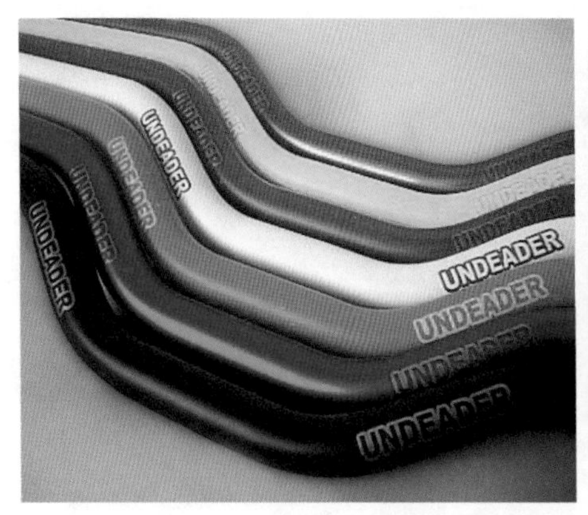

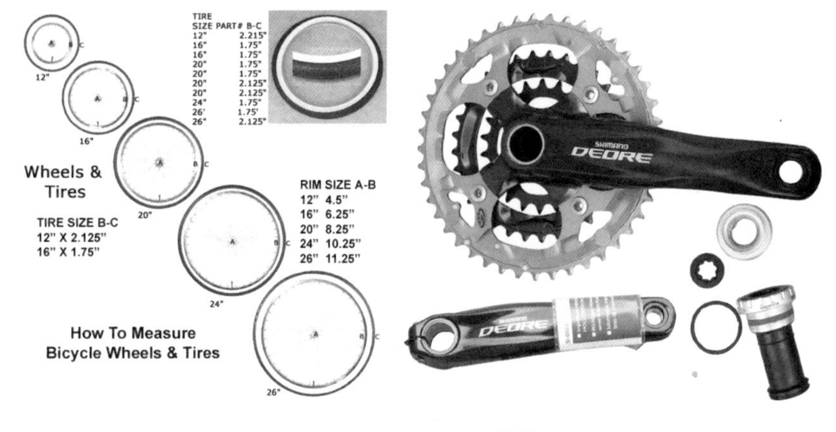

图9-6 前、后轮（左）
图9-7 链轮组（右）

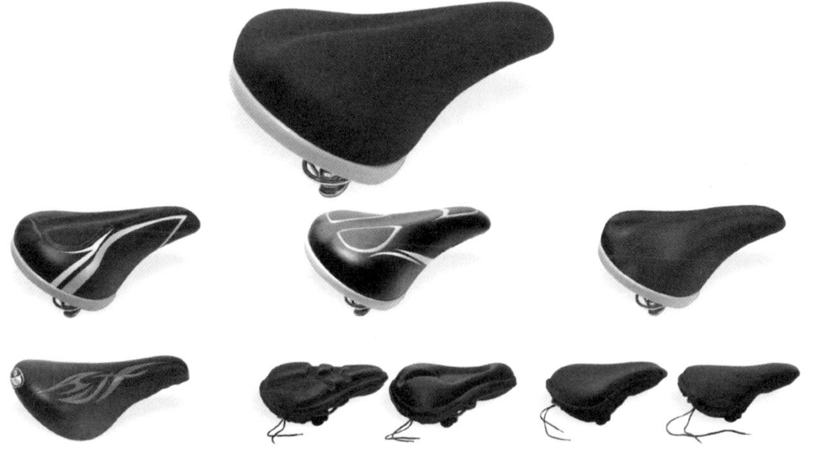

图9-8 鞍座

座通常没有什么弹性，外形呈狭长形，舒适度稍差，但便于运动员站立骑行和发力。专业的比赛用鞍座表面有时还有导热/气凹槽，在人机工学方面做得比较细致体贴（图9–8）。

（7）脚蹬（Pedals）部分。脚蹬部分是人体在骑行过程中动力的主要输入点，它通过曲柄（Crank）与车架上的中轴（Bottom Bracket）相连，使输入的动力最大限度地转化为驱动力。脚蹬的形式多样，普通的通常上、下分别有一个比较完整的蹬踏面，由支架和耐磨橡胶套构成，可以绕曲柄随意转动，而赛车脚蹬通常只有一副合金或工程塑料框架（边框带有很多突点），赛车脚蹬还配有单面的脚蹬套，避免快速骑行时打滑或踩空（图9–9）。

图9-9 脚蹬

（8）刹车（Brake）部分。刹车部分是确保骑行安全的重要部件。常见的有两大类：一类是轮圈式刹车，如杆式刹车、“V”形刹车、钳形刹车等，它们的结构特征是整体裸露，刹车片作用于轮圈；另一类是轮轴式刹车，如抱式刹车（带式刹车）、蝶形刹车、鼓式刹车（涨刹）、罗拉刹车（高端车型用）、倒刹（脚刹）（现少见）等，它们的结构特征是有外壳包裹，内部机构较复杂、精密（图9–10）。

图9-10 刹车

图9-11　碳纤维不等径一体成型结构

（9）其他附件（Accessory）。除上述部件外，还有很多其他附件：普通自行车上常有挡泥板、链罩、衣架、护裙罩、前车筐、单边支脚、车铃、反射片等；山地自行车上常有避震器、水壶架、行李架、摩电灯等；场地赛车基本没有上述所有附件。

2. 影响要素

（1）形态要素。自行车整体属于线构形态，构造上主要突出挺拔、稳健、干练、速度的视觉效果，造型根据不同需求而定，尺度上应符合国际标准。车架的造型是主要的视觉聚焦点之一，而其他部件如车轮、把手、鞍座等则是自行车车架造型的呼应和主要补充，应该重点进行细节设计。常见的车架结构是管材焊接结构，高端的车架结构常见碳纤维不等径一体成型结构（图 9-11）。

（2）色彩要素。由于自行车属于移动交通工具，因此色彩上没有太多禁忌，车体色彩可采用油漆、喷塑等，可以产生单色、多色、渐变等色彩效果，而纹样及字体装饰色彩更加不受限制，可采用转移印花、涤纶贴花。通常色彩装饰集中于车架和前叉部位，其他部位常以单色出现，起到车架的陪衬作用（图 9-12）。

（3）功能要素。基于自行车的主要功能，根据不同的用户要求，需要分别设计代步型（包括普通城市车、山地车、全地型车、小轮折叠车等）以及比赛型（包括 BMX 小轮车、山地赛车、公路赛车和场地赛车等），形成具有不同功能配置的产品。通常场地赛车是质量最轻、附件最少、速度最快但功能最少的一种，它只具备最基本的骑行功能，甚至连刹车都没有，最轻的只有 5kg 多。代步型则根据需求配置较多的附件以产生较多的附加功能，如前车筐、书包架等，重量一般在 10~15kg 左右。山地车和小轮 BMX 由于稳定性和抓地性需要，通常采用粗齿宽胎，附带液压避震装置，车架也比较粗大，整车重量在 12~15kg。

图9-12　色彩要素

（4）材料要素。自行车在材料运用上主要根据价格定位而进行变化，一般普通车车架多采用钢材制作，中档价位采用铝合金制作，而高端的则采用轻质合金、碳纤维或其他航空航天轻质材料制作，其他部件和附件也应根据车架的材料、价格配置相应材料。

（5）强度要素。首先应符合国家或国际自行车专业标准，车架应具有足够的抗冲击、抗扭和抗弯强度，以承受骑行运动过程中多种复杂因素（如天气、地势、摔打）造成的破坏性冲击，确保人身安全。其次，车架和轮子间的减震装置要求具有一定的抗冲击性能，以减少地面不平对人体的伤害。此外，车架及其他所有部件都应具有足够的抗腐蚀能力，确保自行车在正常骑行状态下有足够的使用寿命。

（6）工艺要素。基于动态产品的特点，工艺上要求整体外形线条简洁顺滑，利于加工成型和组装，同时整体避免尖角、锐角的折面过渡，防止制造缺陷产生。油漆装饰避免用色过多，造成工艺过度复杂，成品率降低，制造成本增加。

（7）界面要素。自行车的主界面是人体接触到的几个部分，如车架、车把、脚蹬、鞍座等，其相关部位的角度和尺度是决定自行车骑行舒适度和骑行效率的重要因素，这些部位设置可调节环节，可以帮助大部分骑行者找到符合自己身体条件的使用部位高度、宽度和角度，从而提高骑行者运动效率。此外，专供调节、变换的操作界面如高度调节扳手、高度极限刻度（常见于车把立管、鞍管上）、速度调节扳手等部位应用醒目标记颜色或标识与车体其他部件加以区分，便于提醒和识别。

（8）安全要素。自行车的安全与否与车架强度、整车安全性有关。作为复杂动态产品，首先应保证在正常推行运动情况下各部位不松动、不断裂、不变形，并且轻巧、耐用。其次，适当部位的避震装置、醒目的色彩运用，夜间反射片、自发光片运用也可以增加自行车使用的舒适度和安全性。

案例2　汽车（Car）

按照国家最新标准 GB/T 3730.1—2001 对汽车的定义：由动力驱动，具有四个或四个以上车轮的非轨道承载的车辆，主要用于：载运人员和（或）货物、牵引载运人员和（或）货物的车辆以及其他特殊用途。汽车还包括：①与电力线相连的车辆，如无轨电车；②整车整备（即空车）质量超过 400kg 的三轮车。那些进行特种作业的轮式机械以及农田作业用的轮式拖拉机等，在少数国家被列入专用汽车，而在我国则分别被列入工程机械和农用机械之中。

图9-13 汽车结构解剖图（左）
图9-14 汽车发动机（右）

1. 构造

汽车结构主要包括：发动机、底盘、车身和电气设备四个基本组成部分（图 9-13）。发动机部分按照工作原理由两大机构五大系组成：曲柄连杆机构、配气机构、燃料供给系统、冷却系统、润滑系统、点火系统和启动系统。底盘部分由传动系统、行驶系统、转向系统和制动系统四部分组成。车身部分由下列内容组成：车身壳体、车门、车窗、车前钣制件、车身内外装饰件和车身附件、坐椅以及通风、暖气、冷气、空气调节装置等。电气设备由电源和用电设备两大部分组成，其中，电源包括蓄电池和发电机；用电设备包括发动机的启动系统、汽油机的点火系统和其他用电装置。详细结构如下。

（1）发动机（Engine）部分是汽车的动力装置（图 9-14）。其两大机构五大系分别指以下部分。①曲柄连杆机构：包含连杆、曲轴、轴瓦、飞轮、活塞、活塞环、活塞销、曲轴油封。②配气机构：包含汽缸盖、气门室盖罩凸轮轴、气门进气歧管、排气歧管空气滤、消声器三元催化、增压器中冷器等。③冷却系统：一般由水箱、水泵、散热器、风扇、节温器、水温表和放水开关组成。汽车发动机采用两种冷却方式，即空气冷却和水冷却。通常情况下汽车发动机多采用水冷却方式。④润滑系统：由机油泵、集滤器、机油滤清器、油道、限压阀、机油表、感压塞及油尺等组成。⑤燃油供给系统：一般由汽油箱、汽油表、汽油管、汽油滤清器、汽油泵、化油器、空气滤清器、进气排气管等组成。⑥启动系统：由启动机、点火开关、蓄电池等组成。⑦点火系统：由火花塞、高压线、高压线圈、分电器等组成。

（2）底盘（Chassis）部分（图 9-15）的作用是支撑、安装汽车发动机及其各部件，总成，形成汽车的整体造型，并接受发动机的动力，使汽车产生运动，保证正常行驶。底盘包括以下四个部分。①传动系统：汽车发动机所发出的动力靠传动系传递到驱动车轮。传动系具有减速、变速、倒车、中断动力、轮间差速和轴间差速等功能，与发动机配合工作，能保证汽车在各种工况条件下的正常行驶，并具有良

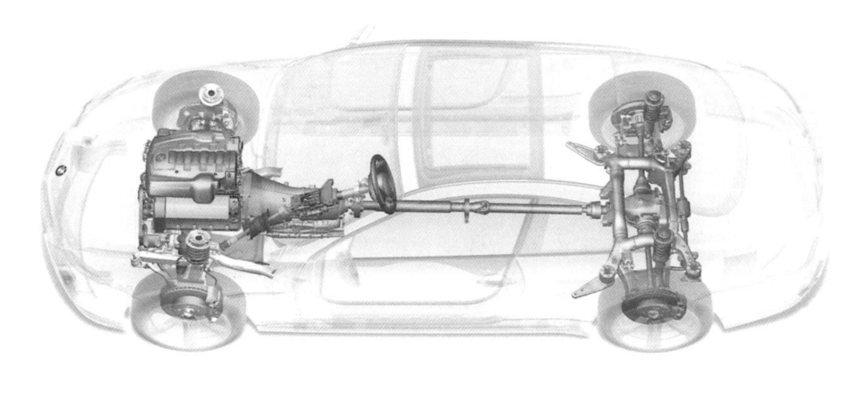

图9-15　汽车底盘

好的动力性和经济性。主要是由离合器（使发动机的动力与传动装置平稳地接合或暂时地分离，以便于驾驶员进行汽车的起步、停车、换挡等操作）、变速器（由变速器壳、变速器盖、第一轴、第二轴、中间轴、倒挡轴、齿轮、轴承、操纵机构等机件构成，用于汽车改变速度和扭矩）、万向节、传动轴和驱动桥等组成。②行驶系统：由车架、车桥、悬架和车轮等部分组成。它首先接受传动系的动力并通过驱动轮与路面的作用产生牵引力，使汽车正常行驶；其次承受汽车的总重量和地面的反力；再次能缓和不平路面对车身造成的冲击，衰减汽车行驶中的振动，保持行驶的平顺性；此外，与转向系配合，还能保证汽车操纵的稳定性。③转向系统：用来改变或恢复汽车的行驶方向。转向系统的基本组成：转向操纵机构（含转向盘、转向轴、转向管柱等）、转向器（将转向盘的转动变为转向摇臂的摆动或齿条轴的直线往复运动，并对转向操纵力进行放大的机构）以及转向传动机构（将转向器输出的力和运动传给车轮，并使左右车轮按一定关系进行偏转）。④制动系统：汽车上用以使外界（常指路面）在汽车某些部分（常指车轮）施加一定的力，从而对其进行一定程度的强制制动的一系列专门装置。它能使行驶中的汽车按照驾驶员的要求进行强制减速甚至停车，使已停驶的汽车在各种道路条件下稳定驻车，以及使下坡行驶的汽车速度保持稳定。

（3）车身（Car body）部分（图9-16）主要包括：车身壳体、车门、车窗、车前钣制件、车身内外装饰件和车身附件、坐椅以及通风、暖气、冷气、空气调节装置等。在货车和专用汽车上还包括车厢

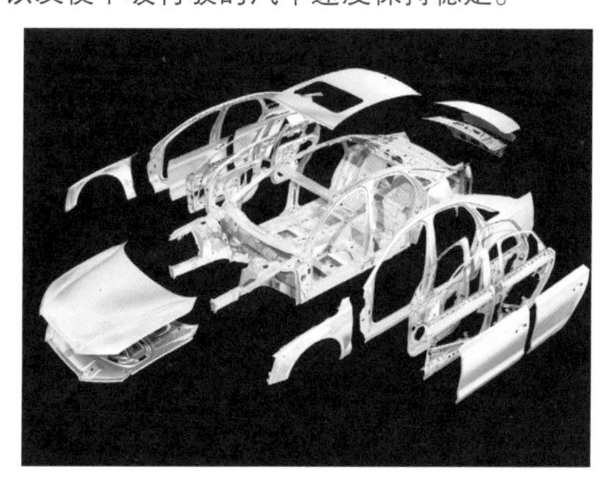

图9-16　车身部分

和其他装备。①车身壳体是一切车身部件的安装基础，通常是指纵、横梁和支柱等主要承力元件以及与它们相连接的钣件共同组成的刚性空间结构。客车车身多数具有明显的骨架，而轿车车身和货车驾驶室则没有明显的骨架。车身壳体通常还包括在其上敷设的隔声、隔热、防振、防腐、密封等材料及涂层。②车门通过铰链安装在车身壳体上，其结构较复杂，是保证车身的使用性能的重要部件。③车身外部装饰件主要是指：装饰条、车轮装饰罩、标志和浮雕式文字等。此外，散热器面罩、保险杠、灯具以及后视镜等附件亦有明显的装饰性。④车内部装饰件包括：仪表板、顶棚、侧壁、坐椅等表面覆饰物，以及窗帘和地毯。在轿车上广泛采用天然纤维或合成纤维的纺织品、人造革或多层复合材料、连皮泡沫塑料等表面覆饰材料；在客车上则大量采用纤维板、纸板、工程塑料板、铝板、花纹橡胶板以及复合装饰板等覆饰材料。⑤车身附件有：门锁、门铰链、玻璃升降器、各种密封件、风窗刮水器、风窗洗涤器、遮阳板、后视镜、拉手、点烟器、烟灰盒等。在现代汽车上常常装有无线电收放音机和杆式天线，在有的汽车车身上还装有无线电话机、电视机或加热食品的微小炉和小型电冰箱等附属设备。⑥车身内部的通风、暖气、冷气以及空气调节装置是维持车内正常环境、保证驾驶员和乘客安全舒适的重要装置。坐椅也是车身内部重要装置之一。坐椅由骨架、座垫、靠背和调节机构等组成。座垫和靠背应具有一定的弹性。调节机构可使座位前后或上下移动，以及调节座垫和靠背的倾斜角度。某些坐椅还有弹性悬架和减振器，可对其弹性悬架加以调节，以便在驾驶员们不同的体重作用下仍能保证座垫离地板的高度适当。在某些货车驾驶室和客车车厢中还设置适应夜间长途行车需要的卧铺。⑦为保证行车安全，在现代汽车上广泛采用对乘员施加约束的安全带、头枕、气囊以及汽车碰撞时防止乘员受伤的各种缓冲和包垫装置。按照运载货物的不同种类，货车车厢可以是普通栏板式结构，平台式结构，倾卸式结构，闭式车厢，气、液罐以及运输散粒货物所采用的气力吹卸专用容罐，或者是适于公路、铁路、水路、航空联运和国际联运的各种标准规格的集装箱。

（4）电气设备（Electrical Equipment）（图 9-17）由电源和用电设备两部分组成（图 9-17）。电源包括蓄电池和发电机；用电设备包括发动机的启动系统、汽油机的点火系统和其他用电装置。①蓄电池（供给启动机用电）：在发动机启动或低速运转时向发动机点火系统及其他用电设备供电。当发动机高速运转时发电机发电充足，蓄电池可以储存多余的电能。②启动机（通过汽车钥匙启动）：将电能转变成机械能，带动曲轴旋转，启动发动机。

图9-17　汽车电气设备

图9-18　汽车形态——块状结构形态

2. 影响要素

（1）形态要素。汽车整体属于块状结构形态（图9-18），构造上主要突出流线、饱满、动感、速度的视觉效果，造型上根据不同车型而定，车体主要尺寸应符合国际标准。车体的造型是主要视觉焦点，也就是说车体的结构造型决定了其外观特征和功能特征。常见的车身由钢板冲压成型的金属结构件和大型覆盖件组成，这种金属结构的车身一直沿用至今。

图9-19　车体色彩和色块对比

（2）色彩要素。由于汽车属于移动交通工具，与自行车色彩类似，设计上没有太多禁忌，车体色彩以纯色和拼色等色彩效果为多（图9-19），少见复杂花色，多采用喷漆，而车体局部纹样及字体装饰色彩更加不受限制，以转移印花为主。通常色彩装饰以整车单一色彩、局部色块或线条映衬（图9-20）。通常情况下，前、后防撞保险杠与车体色彩相同但可能有外凸线条装饰，以起到协调与对比的视觉效果。

图9-20　车体色彩加线条对比

（3）功能要素。基于汽车的主要功能，根据不同的用户要求，需要区别设计客车（小型客车、中型客车及大型客车）、货车、多用途汽车、专用汽车、军用汽车等。其中，小型客车根据功能又细分为：普通轿车、跑车、轻型乘用车RV（包括CRV、SRV、RAV、HRV、MPV、SUV、

NCV、CUV），形成具有不同功能配置的汽车产品。

（4）材料要素。汽车车身外壳绝大部分是金属材料，钢板、碳纤维、铝、强化塑料等，不同用途的汽车外壳、不同部位的材料不同。而汽车框架多为高强度合金材料。内部设施和驾驶空间设备多用 ABS 塑料、合金、皮革、木材等制作（图 9–21）。

（5）强度要素。应符合国家或国际汽车行业的部件强度标准和整车强度标准，整车框架应具有足够的抗冲击、抗扭和抗弯强度，以承受高速运转过程中多种复杂因素造成的破坏性冲击，如碰擦、冲撞、侧翻、颠覆、挤压、扭曲等意外情况，确保人身安全。由于汽车结构非常复杂，结构强度要求这里不加详细叙述，具体参见相关标准。

（6）工艺要素：基于动态产品的特点，工艺上要求整体框架焊接牢固，各部件组装连接牢固；整体外形线条简洁顺滑，利于加工成型和组装，同时整体避免尖角、锐角的折面过渡，拼缝整齐，防止制造缺陷产生（图 9–22）。油漆装饰避免用色过多，造成工艺过度复杂，成品率降低，制造成本增加。

（7）界面要素。汽车的主界面是驾驶舱部分（图 9–23），如仪表板、方向盘、操控手柄、坐椅调节、后视镜、门窗的把手及控制按钮等，其相关部位的角度和尺度是决定汽车驾驶舒适度和操控可用性的重要因素。这些部件设置可调节环节，可以帮助大部分驾驶者找到符合自

图9–21　内饰

图9–22　车体工艺拼缝（左）
图9–23　驾驶舱界面要素（右）

己身体条件的使用部位高度、宽度和角度，从而提高驾驶者的操控效率。上述部件的调节图示标识应符合国际标准，尽量采用简单明了的图示标识，避免过多的文字标识导致的理解错误。

（8）安全要素。汽车的安全要素有主动安全和被动安全之分，主要以发生意外时的撞击作为区分。主动安全配置主要是指发生撞击之前所做动的辅助装置。这些装置在车辆接近失控时便会开始启动，以各种方式介入驾驶的动作，希望能利用机械及电子装置，保持车辆的操控状态，全力让驾驶人能够恢复对于车辆的控制，避免车祸意外的发生。

而所谓的被动安全装置，则是在车祸意外发生不可避免，车辆已经失控的状况之下，对于乘坐人员进行被动的保护作用，希望通过固定装置，让车内的乘员固定在安全的位置，并利用结构上的引导与溃缩，尽量吸收撞击的力量，最大限度地确保车内乘员的安全。常见的 ABS、VSC 等驾驶上的辅助装置，便是属于主动安全配置；而安全带、气囊（图 9-24）及笼型车体结构（图 9-25），便是被动安全配置与设计。

图9-24　安全气囊/气帘（左）
图9-25　溃缩式车头和笼形车体（右）

总之，汽车的安全与否与车架强度、整车安全性有关。作为复杂动态产品，首先应保证在正常推行运动情况下各部位机械部件不松动、不断裂、不变形，并且轻巧、耐用。其次，安全汽车还应装有专用的电脑控制、指令，以协调汽车各安全机构，保证最佳安全性能，如：防抱死系统（ABS）、防滑系统（ARS）、乘员保护系统（SRS）车使用的舒适度和安全性。

第十章　学生实验作品解析

【本章要点】

1. 课题研究对象
2. 涉及课程的知识点
3. 关键技术 / 价值点
4. 工作模型或支撑理论
5. 设计实验要点
6. 评估要点

图10–1　多面球体构造
材料/ 尺寸：金属/ SR20cm
作者/ 任课教师：沈静/ 陈苑

10.1　静态构造

作品 1（图 10–1）

名称：多面球体构造。

课题研究对象：多面体构造。

涉及课程的知识点：金属薄板折弯、活动插接。

关键技术 / 价值点：插接结构谱系分析。

工作模型或支撑理论：静态产品构造理论。

设计实验要点：金属的塑性形变方法、形成多面球体的单元件亭台及组合方法研究。

评估要点：

A. 结构合理：多个同一尺寸、用金属薄板折弯形成的三棱台，通过简单的连接件（回形针）互相插接，形成空心球体。

B. 工艺恰当：简单的薄板裁切及折弯工艺，即能完成所有单元件的加工。

C. 设计巧思：若干个径向排列的单元件经过简单连接组合，便能够形成一个疏密有序的空心球体。

D. 模型构造品相：做工精致，富有视觉冲击力，通透感极强，形态规整，牢固又易于拆装。

图10–2　六面体构造
材料/ 尺寸：金属/ 20cm × 20cm × 20cm
作者/ 任课教师：傅宝彩/ 陈苑

作品 2（图 10–2）

名称：六面体构造。

课题研究对象：多面体构造。

涉及课程的知识点：金属及非金属块切割、牢固插接。

关键技术 / 价值点：插接结构谱系分析。

工作模型或支撑理论：静态产品构造理论。

设计实验要点：固定插接、六面体构成的单元件连接设计研究。

评估要点：

A. 结构合理：多个同一尺寸、用金属块切割形成的“U”形单元件，通过有机玻璃连接件互相牢固插接，形成六面体构造。

B. 工艺恰当：单一尺度的金属“U”形块切割和打磨工艺，即能完成所有单元件的加工；六块尺度相同的有机玻璃连接件仅作切割开槽即完成加工。

C. 设计巧思：若干个按照六面方向排列的单元件，借助六块连接件，经过简单的牢固插接组合，便能够形成一个敦厚的六面体构造。

D. 模型构造品相：做工精致，富有金属结构美感，通透与敦实形成强烈对比，形态规整，牢固坚实。

作品 3（图 10–3）

名称：十二面体构造。

课题研究对象：多面体构造。

涉及课程的知识点：工程塑料块切割、钻孔、铰链结构、螺纹连接。

关键技术 / 价值点：铰接结构谱系分析。

工作模型或支撑理论：静态产品构造理论。

设计实验要点：十二面体成形的结构要素、单元件之间的连接方式研究。

评估要点：

A. 结构合理：多个同一尺寸（连接部位分为两种）、用工程塑料块切割形成的较复杂形体单元件，以铰链连接的形式，通过螺纹连接（连接件）构成牢固连接，形成十二面体构造。

B. 工艺恰当：主体外形尺度相同的工程塑料块经切割成型、钻孔和打磨工艺，即能完成两种单元件的加工；螺纹连接采用标准螺钉。

C. 设计巧思：若干个按照十二面方向特别排列的单元件，借助螺纹连接件，形成径向开放的通透十二面构造体。

D. 模型构造品相：做工精致，富有塑料结构美感，径向通透与侧向通透形成复杂而强烈的艺术对比，形态规整，牢固坚实。

作品 4（图 10–4）

名称：八面体构造。

课题研究对象：多面体构造。

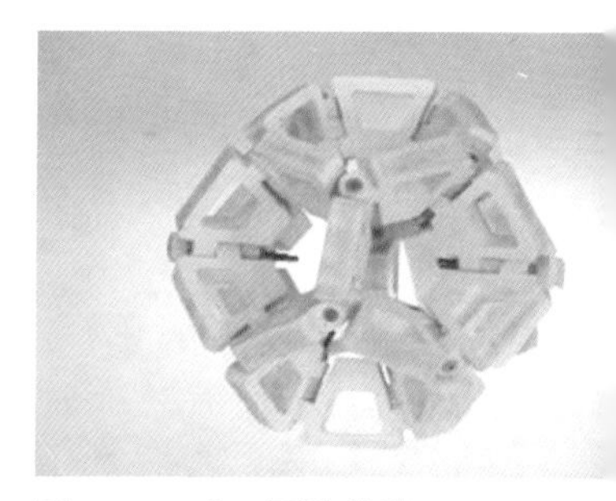

图10–3　十二面体构造

材料/ 尺寸：工程塑料/ SR20cm

作者/ 任课教师：刘万钧/ 陈苑

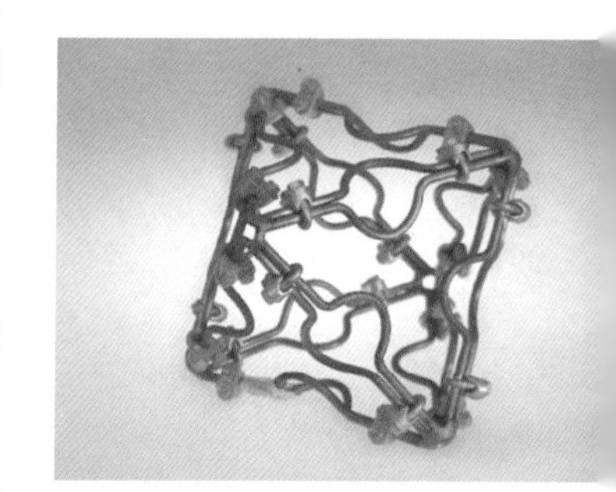

图10–4　八面体构造

材料/ 尺寸：工程塑料/ 20cm × 20cm × 20cm

作者/ 任课教师：黄甫闹/ 陈苑

涉及课程的知识点：金属线材弯曲、裁剪、焊接、螺纹连接。

关键技术 / 价值点：线材弯曲组合焊接结构谱系分析。

工作模型或支撑理论：静态产品构造理论。

设计实验要点：金属线材的成形方式研究、单元件之间的连接方式研究。

评估要点：

A. 结构合理：多个同一形态尺寸、用金属线材折弯形成的较复杂形体单元件，以焊接连接的形式，以及螺纹连接（连接件）构成牢固连接，形成八面体构造。

B. 工艺恰当：金属线材经过靠模折弯（直线—半圆—直线）并切割形成的单元件经焊接构成八面体，工艺简单；螺纹连接采用标准螺钉。

C. 设计巧思：若干个按照八面方向特别排列的单元件，借助焊接和螺纹连接件，形成曲直相间、点—线对比的开放通透的八面构造体。

D. 模型构造品相：做工精致，富有金属曲线的结构美感，曲线和点状金属扣形成复杂而奇妙的形态对比，结构规整又不失活跃，牢固坚实。

10.2 简单动态构造

作品 1（图 10–5）

名称：滑变的苹果。

课题研究对象：滑移构造。

涉及课程的知识点：滑移、导向、变形、连接。

关键技术 / 价值点：滑移连接结构谱系分析。

工作模型或支撑理论：简单动态产品构造理论。

设计实验要点：平移的要素与形态研究、基本单元件之间的相互关联研究。

评估要点：

A. 结构合理：将一个实体苹果造型切分成若干个等厚的薄片，在每个薄片的断面上简单开槽，以芯棒将两端面固定连接，而中间薄片可随意滑移，形成可以左右滑移的滑移构造。

B. 工艺恰当：木材经过切割打磨成形，并切割形成若干薄片，简单开槽后，即可组装。

C. 设计巧思：苹果造型的切分和滑移，形成错位、变形的有趣构造体，简单而生动。

D. 模型构造品相：做工精致，富有仿生的结构美感，圆润和错位的变化形成强烈的视觉冲击与形态对比，结构简单又富于变化，敦厚又不失俏皮。

图10–5 滑变的苹果
材料/ 尺寸：木/ 10cm × 10cm × 10cm
作者/ 任课教师：牟沈祖琴/ 陈苑

作品 2（图 10–6）

名称：转动的旋律。

课题研究对象：旋转构造。

涉及课程的知识点：旋转、轴向定位、销轴连接。

关键技术 / 价值点：旋转结构谱系分析。

工作模型或支撑理论：简单动态产品构造理论。

设计实验要点：转动的要素与形态研究、连接与单元件的相互关联研究。

评估要点：

A. 结构合理：将多个扇形造型的单元件，间隔轴向定位垫片，以芯棒穿透所有单元件并用两端面固定连接，形成所有单元件可以围绕中心轴自由旋转的旋转构造。

B. 工艺恰当：单一尺寸切割成形的扇形单元件，加工便利。

C. 设计巧思：苹果造型的切分和滑移，形成错位、变形的有趣构造体，简单而生动。

D. 模型构造品相：做工精致，色彩和造型相得益彰，扇形的张力和旋转的律动形成富有节奏感的优美形态，结构简约而富于变化。

图10–6　转动的旋律

材料/ 尺寸：有机–ABS板/ 25cm × 10cm × 10cm

作者/ 任课教师：吕蓓/ 陈苑

作品 3（图 10–7）

名称：折叠的力量。

课题研究对象：折叠构造。

涉及课程的知识点：折叠、死点、销钉连接。

关键技术 / 价值点：折叠结构谱系分析。

工作模型或支撑理论：简单动态产品构造理论。

设计实验要点：折叠的要素与形态研究、基本单元件之间的相互关联研究。

评估要点：

A. 结构合理：用死点概念构成折叠机构，并与若干平板相连，形成既可以快速伸展为稳固的多层平台，又可以快速折叠，使体量缩小至展开的 1/3。

图10–7　折叠的力量

材料/ 尺寸：有机板—金属/ 25cm × 15cm × 20cm

作者/ 任课教师：黄忠/ 陈苑

图10-8　张力
材料/尺寸：钢丝—亚克力/25cm×15cm×20cm
作者/任课教师：朱钰敏/周东红

B. 工艺恰当：可折叠支架结构简单，仅将若干金属杆钻孔后用销钉相互连接并与平板组合，尺寸规整，加工便利。

C. 设计巧思：利用死点支撑的力学原理，巧妙地将折叠收纳和展开置物的功能完美展现。

D. 模型构造品相：工艺精湛，操作灵便，伸展和折叠的交替充分体现结构的张力，平面的通透和线条的变奏形成曲折与规整的强烈对比，结构精炼而富于大气。

作品 4（图 10-8）

名称：张力。

课题研究对象：压缩变形构造。

涉及课程的知识点：滑移、压缩、弹性变形。

关键技术 / 价值点：压缩变形结构谱系分析。

工作模型或支撑理论：简单动态产品构造理论。

设计实验要点：压缩结构、滑移轨道的设计与研究。

评估要点：

A. 结构合理：用死点概念构成折叠机构，并与若干平板相连，形成既可以快速伸展为稳固的多层平台，又可以快速折叠，使体量缩小至展开的 1/3。

B. 工艺恰当：可折叠支架结构简单，仅将若干金属杆钻孔后用销钉相互连接并与平板组合，尺寸规整，加工便利。

C. 设计巧思：利用死点支撑的力学原理，巧妙地将折叠收纳和展开置物的功能完美展现。

D. 模型构造品相：工艺精湛，操作灵便，伸展和折叠的交替充分体现结构的张力，平面的通透和线条的变奏，形成曲折与规整的强烈对比，结构精炼而富于大气。

图10-9　链—齿轮转动机构
材料/尺寸：ABS板-金属/30cm×30cm×20cm
作者/任课教师：周远新/周东红

10.3　复杂动态构造

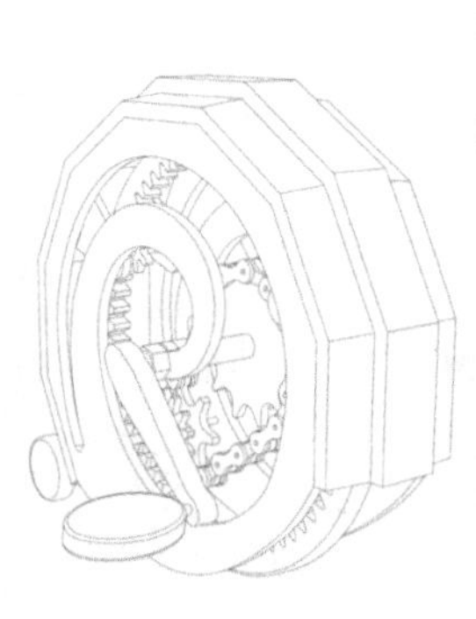

作品 1（图 10-9）

名称：链—齿轮传动机构。

课题研究对象：传动机构构造。

涉及课程的知识点：链传动、齿轮传动、飞轮。

关键技术 / 价值点：链传动及齿轮传动谱系分析。

工作模型或支撑理论：复杂动态产品构造理论。

设计实验要点：链传动与齿轮传动结合的可能性、实现预期动作的可能性探索、设计与研究。

评估要点：

A. 结构合理：用链传动—齿轮传动—飞轮构成整个传动机构，并外加罩壳，形成一组较为复杂的传动机构，结构紧凑，具有可操作性。

B. 工艺恰当：外壳成型采用压模与薄板切割组合，美观而富于变化，内部采用标准的内、外齿齿轮组件及链轮链条组件，工艺较为简单合理。

C. 设计巧思：利用齿轮及链轮传动的机械原理，巧妙地将一组复合性机构至于机壳腔体之中，并能完美展现其运转形式。

D. 模型构造品相：工艺精确，操作灵便，富于运动构造的结构美，色彩漂亮，造型美观。

作品 2（图 10-10）

名称：木制小车。

图10-10 木制小车

材料/尺寸：木/ 25cm × 20cm × 25cm

作者/任课教师：潘丹丹/武奕陈

课题研究对象：传动机构构造。

涉及课程的知识点：凸轮传动、摇杆传动。

关键技术 / 价值点：传动机构谱系分析。

工作模型或支撑理论：复杂动态产品构造理论。

设计实验要点：间歇运动在设计中的运用方式与实现途径。

评估要点：

A. 结构合理：用凸轮传动—弹簧张紧、复位—摇杆传动构成小车的整个传动机构，形成一组较为复杂的传动机构，结构紧凑，具有可操作性。

B. 工艺恰当：全车包括传动机构都基本采用木质材料，制作相对容易简单，易于造型，加工精度可控。

C. 设计巧思：利用凸轮及摇杆传动的机械原理，巧妙地将车轮的圆周运动转化为车头装饰物的间歇性摇摆运动。

D. 模型构造品相：工艺精巧，操作灵便，富于运动构造的结构美，原木的质朴与线条的美感相得益彰，造型有趣，富于动感。

作品 3（图 10-11）

名称：愤怒的小鸟。

课题研究对象：传动机构构造。

涉及课程的知识点：带传动、曲柄摇杆传动。

关键技术 / 价值点：传动机构谱系分析。

工作模型或支撑理论：复杂动态产品构造理论。

设计实验要点：小鸟运动规律分析、传动系统运动原理分析及布局、实现规定动作的传动机构组合。

图10-11　愤怒的小鸟
材料/尺寸：木/35cm×25cm×10cm
作者/任课教师：田翊含/武奕陈

评估要点：

A. 结构合理：用动力输入的曲柄，外加普通带传动和齿形带传动以及曲柄摇杆机构，形成一组较为复杂的传动机构，结构清晰，布局得当，具有可操作性。

B. 工艺恰当：全系统传动机构的转轴都固定在背板上，所有带轮都用压克力雕刻而成，制作相对容易简单，易于造型，加工精度可控。

C. 设计巧思：利用带传动及曲柄摇杆传动的机械原理，有机地将带传动的运动转化为皮带上的小鸟的匀速前进运动，两端附加机构的摇摆运动又形成间歇性击打小鸟的动态场景。

D. 模型构造品相：场景鲜活，操作灵便，富于卡通游戏的故事情节，造型生动有趣，富于动感魅力。

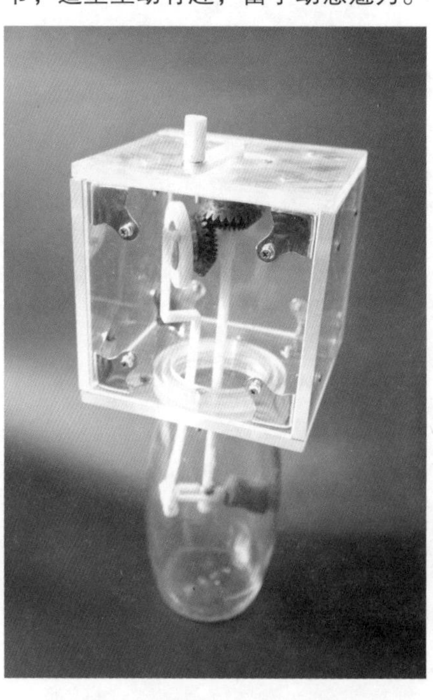

图10-12　洗瓶器
材料/尺寸：亚克力/35cm×20cm×20cm
作者/任课教师：张方圆/章俊杰

作品4（图10-12）

名称：洗瓶器。

课题研究对象：传动机构构造。

涉及课程的知识点：锥齿轮传动、曲柄连杆传动。

关键技术/价值点：传动机构谱系分析。

工作模型或支撑理论：复杂动态产品构造理论。

设计实验要点：瓶刷运动规律分析、传动系统运动原理分析及布局、实现规定动作的传动机构组合。

评估要点：

A. 结构合理：全系统传动机构只有一根传动轴悬臂固定在顶板上，用动力输入的曲柄，带动锥齿轮传动和曲柄连杆传动，最终形成一组非常复杂的传动机构，并置于封闭空间里，结构紧凑清晰，布局得当，具有可操作性。

B. 工艺恰当：锥齿轮为标准件可直接外购，其余连杆结构均用 ABS 制作而成，外壳为简单的亚克力立方体（用金属连接件螺纹固定连接），制作工艺恰当，易于组装，加工精度可控。

C. 设计巧思：利用锥齿轮传动及曲柄连杆传动的机械原理，巧妙地实现刷头既在瓶中做圆周运动，又同时上下移动的复杂三维运动，是一个简单的 3D 机械手的理论运动机构模型。

D. 模型构造品相：机构运动清晰可见，精度较高，可实际操作，手感灵便，富于机械运动的结构美感。

10.4　蜕变——运动解构与重构

（会跳、会爬、回转、会扭、会飞的……）

目标：选择一个真实产品（运动产品），将其拆解并进行分析——添加标准件（可外购）或自制零件——重组与改造。

程序：原理分析与构思——方案设计——实验制作——评价与反思。

作品 1（图 10-13）

图10-13　绽放——解构与重构

材料/尺度：塑料可伸缩玩具球—有机玻璃—微电机/30cm × 40cm × 20cm

作者/任课教师：程庆远、雷志丹/陈苑

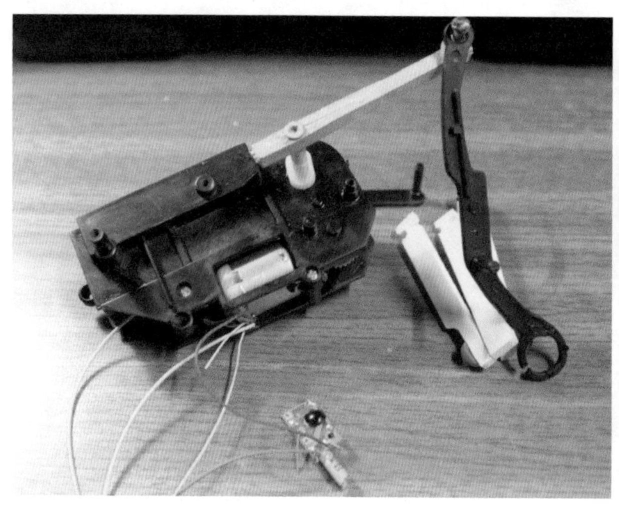

图10-14　其他玩具上拆下的微电机成品（左）
图10-15　购买的塑料伸缩玩具球成品（右）

名称：绽放

课题研究对象：带动力传动机构构造解剖、曲柄滑块机构应用、现有产品运动再设计。

涉及课程的知识点：微电机传动，间歇运动（曲柄滑块机构），内、外部支撑结构。

关键技术 / 价值点：微电机动力机转速选择、间歇运动谱系分析、结构重组。

工作模型或支撑理论：复杂动态产品构造理论。

设计实验要点：微电机应用的可行性、间歇运动实现的可能性、实现预期动作的可能性探索、内外结构再设计与研究。

运动解构与重构过程：

原型（真实产品）：

解构：取微电机的主机部分，拆掉所有连接杆件；将塑料伸缩玩具球拆解成半球待用。

运动原理分析：要使所有花瓣绽放，需设计安装所有驱动节点联动的连杆，为使花瓣进行开合运动，此连杆还必须能够完成间歇往复运动；而能够实现间歇性往复直线运动的机构，一般最常用的是曲柄滑块机构、凸轮机构、齿轮齿条机构、蜗轮蜗杆机构等，鉴于机构的适用性和成本的考虑，最终选择了曲柄滑块机构作为最终的传动机构。

制作过程：曲柄连杆用有机玻璃制作，用激光雕刻成型，见图10-16、图 10-17。背板开滑槽并热弯成型，见图 10-18。滑槽 / 滑块部分由背板开槽及连杆带滑块嵌入构成，见图 10-19。背板支架见图10-20。

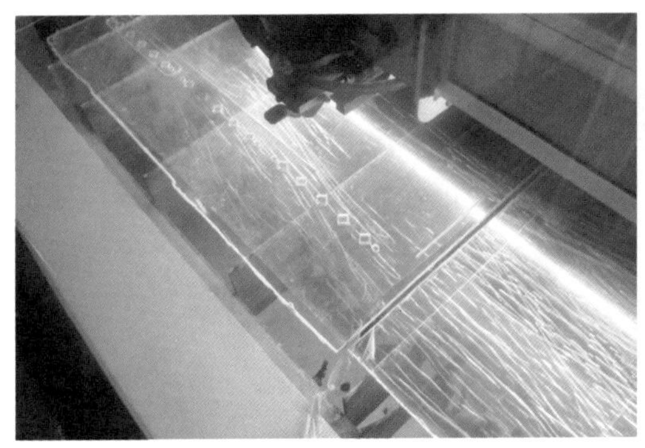

图10-16　激光雕刻有机玻璃曲柄连杆

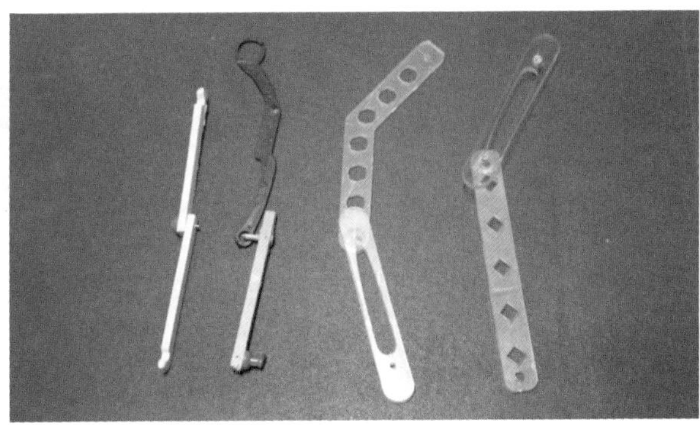

图10-17　曲柄连杆成型后

图10-18　背板开滑槽并热弯成型

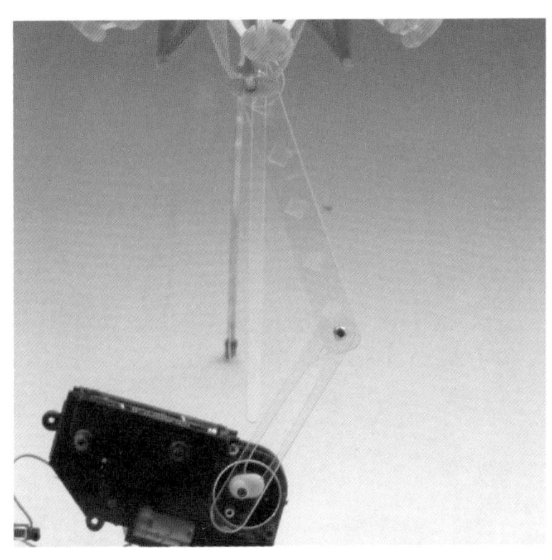

图10-19　滑槽/滑块部分由背板开槽及连杆带滑块嵌入构成

图10-20　背板支架

评估要点：

A. 结构合理。用微电机作为动力——曲柄滑块传动——半球形可伸缩花球构成整个花朵绽放—收缩动作的运动传动机构，并外加支架，形成一组较为复杂的传动机构，结构合理，具有可实现性。

B. 工艺恰当。背板支架成型采用激光雕刻与有机玻璃热弯成型组合，既简便又干净，背板上直接开槽用作滑块导向，也使制作工艺更加简单，省去了很多不必要的附加件和连接工艺。

C. 设计巧思。利用伸缩式球形玩具的特性，将其改造为花朵的造型，并巧妙地将它与曲柄滑块—电机这个动力传动系统相结合，在电力驱动下展现了完美的花朵绽放动态效果，并且微电机与背板的可视化结合以及透明传动件应用，使得整个作品具有机械结构的美感并充满生机，动感十足。

D. 模型构造品相。工艺精巧，运动灵活，富于运动构造的动态美，色彩鲜艳，视觉效果好。

作品 2（图 10-21）

名称：小型甩干机

课题研究对象：人力传动机构构造解剖、惯性旋转运动产品再设计。

涉及课程的知识点：不完全齿轮传动、齿轮齿条传动、自动复位、惯性。

关键技术 / 价值点：传动机构谱系分析、连续驱动技术。

工作模型或支撑理论：复杂动态产品构造理论。

图10-21　小型甩干机

设计实验要点：多种机构联合运动在设计中的运用方式与实现途径。

评估要点：

A. 结构合理。用不完全齿轮传动——齿轮齿条——自动复位弹簧——甩干桶构成小型甩干机的整个传动机构，形成一组较为复杂的传动机构，结构紧凑，具有很高的可行性。

B. 工艺恰当。整个机构除传动机构和甩干桶采用成品解构重组外，外壳采用刨花板材料制作，制作工艺合理，加工精度可控。

C. 设计巧思。利用拖把甩干机的机械传动原理，巧妙地将原有机构利用于类似圆周运动的小型甩干机的驱动，脚踩的模式省力高效，对于小件衣物的洗涤甩干十分有用，低碳环保。

D. 模型构造品相。结构工艺完美，操作省力，富于巧思和巧用，刨花木板的纯朴与敦厚给人以扎实可靠、易用耐用的印象，功能语义也很明确，让人一看即知。

运动解构与重构过程详见图 10-22 及图 10-23：

《综合构造》

"蜕变"

——解构与重构

姓　　名：邹　欣

吴玉婷

学　　号：3100200048

3100200166

指导教师：陈　苑

前期原型的结构和草图确定

● 灵感来源

旋转拖把产品不仅外观精巧而且富有创意。拓朴旋转拖把借鉴了洗衣机的原理，无需使用电力，无需接触拖布，只要轻轻一压拖把杆，或者轻轻踩动脚踏板，脱水篮或清洗台即可高速旋转，产生离心力实现甩干或清洗拖布的效果，彻底解决传统拖把扫地"手拧污水、手洗污渍"的烦恼。使用时，脱水桶与洗涤桶单独搁立，脱水、洗涤互不干扰，巧妙地实现了"小身材、大空间"的理念。我们发现拓朴的每款产品精巧又特别实用，让人眼前一亮，因此我们选择用这一款拖把的传动结构来改造，来进行"蜕变"。

● 前期思考

会走动的小汽车，根据曲臂连杆结构，带动两条腿前进。但是由于功能性不强，结构简单，我们放弃了这个想法，又找到了一个新的原型，即拓朴拖把的传动机构。

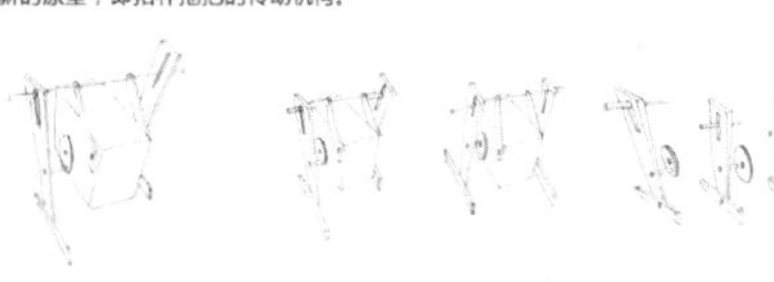

内部传动机构，甩水机构与清洗结构相连，共同工作

脚踏机构，与齿条相连，带动齿轮转动

齿条带动齿轮转动的内部结构

带动脚踏上下运动，从而带动齿条前后运动，进而带动齿轮即轴承转动，最终达到带动甩水篮高速转动的效果

● 脱水结构优点

强力脱水篮，采用离心力原理快速脱水，完美匹配流畅运转。外固挡水板快速脱水时可防止水雾溅湿地面。

脚踏结构优点

合理的脚踏着力点，干湿度可自行控制，可达95%干燥，运行稳定顺利。

● 设计说明

经过一个多星期的市场调查及拆分与重组的过程，我们选择了拓朴拖把的内部传动机构中的甩水机构来进行一个"蜕变"的过程。甩水机构中的主要结构是齿轮齿条结构。通过齿轮齿条带动甩水篮高速转动，由于离心力的作用，可以在人力的作用下起到甩干的作用。利用它自身的优越性质，我们打算做一个手动甩干机，只需要踩动几下就可以达到甩干的目的，是一种节能型甩干机。这将是一种体积小，方便使用的小型甩干机，只需要加一个塑料罩，以防水甩出去，就可以使用。认知界面清晰，绿色环保，是一种理想型的日用产品。

图10-22　小型甩干机运动解构

2012 中国美术学院 工业设计

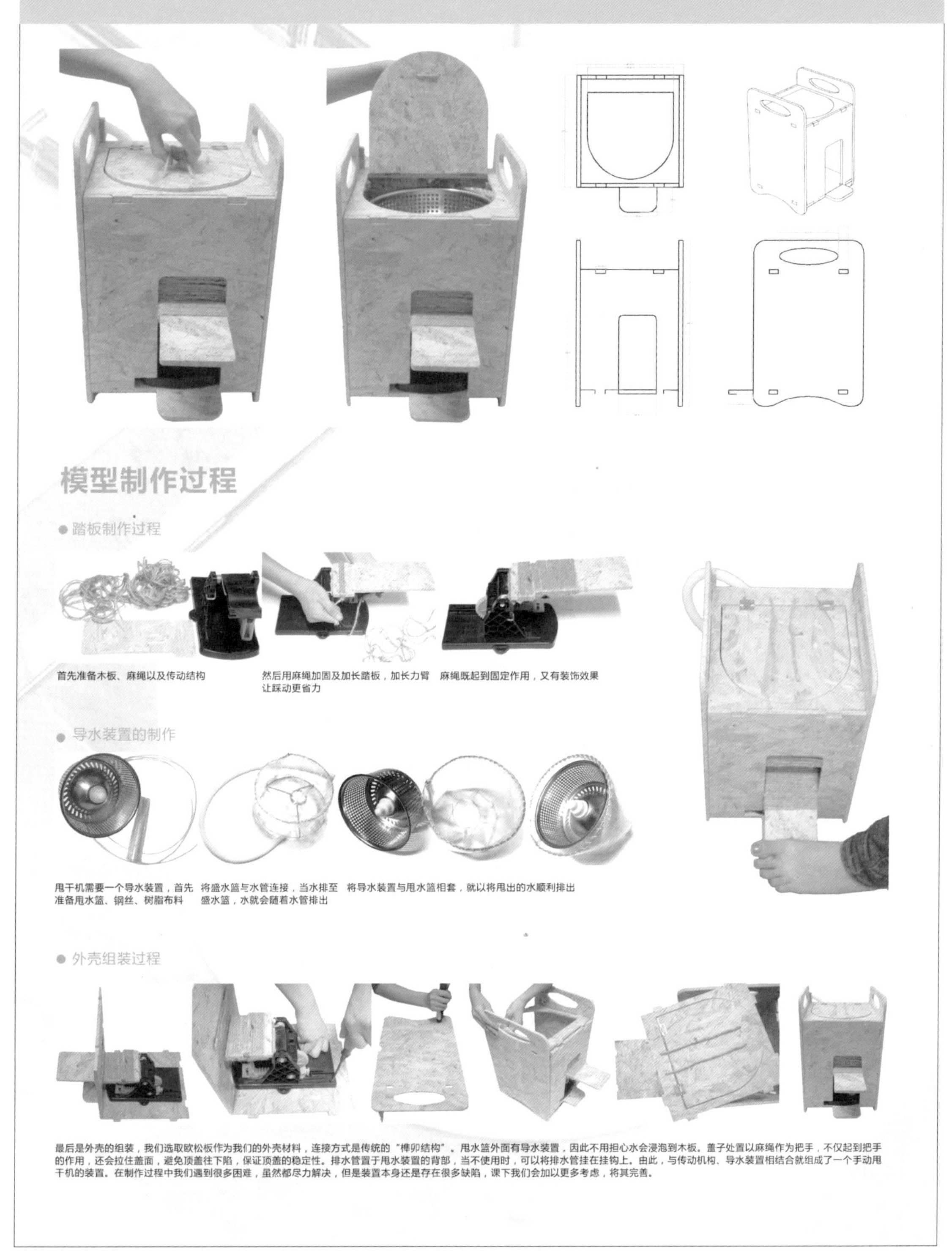

图10-23　小型甩干机重构过程

参考文献

[1] 陈苑 . 产品结构与造型解析 . 杭州：西泠印社出版社，2006.

[2] 谢进 . 万朝燕，杜力杰主编 . 机械原理 . 北京：高等教育出版社，2004.

[3] 杨黎明，杨志勤编著 . 机构选型与运动设计 . 北京：国防工业出版社，2007.

[4]（日）黑川雅之著 . 王超鹰译 . 世纪设计提案 . 上海：上海人民美术出版社，2003.

[5] 沈学胜，张丹丹，吴永坚 . 设计构成学 . 北京：北京师范大学出版集团，2010.

[6] Jim Lesko. Industrial Design Materials and Manufacturing. John Wiley & Son Inc.. 1999.

[7] Mike Ashby and Kara Johnson. Material and Design. Butterworth–Heinemann. 2002.

[8] 刘立红 . 产品设计工程基础 . 上海：上海人民美术出版社，2005.

[9] 孟宪源 . 现代机构手册 . 北京：机械工业出版社，1994.

[10] 程能林 . 产品造型材料与工艺 . 北京：北京理工大学出版社，1991.

[11] 唐志玉等编著 . 塑料产品设计和加工工程 . 北京：化学工业出版社，2002.

[12] 张道一主编 . 工业设计全书 . 南京：江苏科学技术出版社，1994.

[13] 刘雄亚等编著 . 复合材料制品设计及应用 . 北京：化学工业出版社，2002.

[14] 郑玉华 . 典型机械（电）产品构造 . 北京：科学出版社，2004.

[15] 刘宝顺 . 产品结构设计 . 北京：中国建筑工业出版社，2009.

[16] 钟元 . 面向制造和装配的产品设计指南 . 北京：机械工业出版社，2011.

[17] 伏波 . 产品设计：功能与结构 . 北京：北京理工大学出版社，2008.